La hora de España

La hora de España

Una afirmación liberal conservadora

Coordinado por
JOSÉ MARÍA MARCO
y JORGE MARTÍN FRÍAS

EDICIONES DEUSTO

Deusto es un sello editorial de Centro de Libros PAPF, SLU.
Av. Diagonal, 662-664
08034 Barcelona

www.planetadelibros.com

ISBN: 978-84-234-3115-1
Depósito legal: B. 26.457-2019
Primera edición: enero de 2020
Preimpresión: gama, sl
Impreso por Artes Gráficas Huertas

Impreso en España - *Printed in Spain*

Sumario

Prólogo

Ana Palacio
Exministra de Asuntos Exteriores

El libro que tiene, lector, entre sus manos habla de democracia liberal. De democracia liberal en España; de democracia liberal desde España, abriéndose al venero conservador. Todo ello, en un mundo en mutación.

Porque el período que estamos atravesando va más allá de la crisis. *Crisis* es un término que se repite una y otra vez a lo largo de estas páginas, y el concepto de crisis impregna esta lectura variada, desmoldada, que va desde el alegato político hasta la reflexión académica compendiosa en citas; textos encendidos de autores maduros, junto a textos de inusual reposada erudición de autores muy jóvenes. Porque vivimos, en efecto, «una situación mala o difícil»: cambios profundos y de consecuencias importantes en los procesos y las situaciones políticas. En particular, en la democracia liberal. Pero estos cambios suponen un «tomar otro ser o naturaleza», que es precisamente la definición de mutación.

El nuestro, pues, es un mundo en mutación. No se trata de un nuevo mundo, un mundo renovado; es un mundo en mutación. La mutación altera la esencia. Lo que vemos del proceso puede parecernos familiar, pero por ser sólo apariencia crea desorientación, desazón en la ciudadanía. Y esto sucede en nuestro país, España, y en las democracias liberales. Y más allá. Por ello, resulta particularmente oportuna esta reflexión a distintas voces.

El orden liberal, que pespuntea las contribuciones a este libro, así como la propia democracia liberal, son producto de la

Ilustración. Y dos son los hilos conductores que lo definen: el continuo racionalidad / igualdad / universalidad y el continuo individuo / progreso inexorable / mundo de recursos ilimitados.

Frente a esta imbricación de individuo y progreso, hoy lo que caracteriza a las generaciones más jóvenes es, por el contrario, una lucidez dolorosa sobre la fragilidad de nuestro planeta y la responsabilidad que todos compartimos (y su corolario de buen gobierno como Santo Grial de los tiempos). Consciencia agudizada por las revoluciones superpuestas que abarcan todos los aspectos de la vida, desde el tecnológico, hasta el social y el económico. Tampoco el primer bloque basilar se libra de cuestionamiento. Vivimos bajo la égida de la irracionalidad intrínseca de los tribalismos varios: desde los nacionalismos de diverso pelaje, hasta la concepción excluyente de la mujer. Que en muchos casos, además se dobla de un victimismo incompatible con los principios ilustrados.

Y éste es el contexto en el que se inscribe la reflexión que atraviesa estas páginas. La pugna —liberal clásica— por alcanzar nuestro pleno potencial como individuos se fundamenta en instituciones, leyes e interés individual racional, que redundan en ese progreso de la humanidad, que es horizonte ilustrado por antonomasia. Instituciones, leyes e interés individual que cimentan la visión de futuro, la certeza de estar en el buen camino, necesaria para seguir avanzando. Durante el siglo pasado, estos instrumentos alcanzaron vocación universal. No fue un camino fácil; nunca se supuso que lo fuera, pero la trayectoria, el sentido, estaban claros, y la prosperidad en su derredor así lo confirmaba. Hoy ha desaparecido esa proyección abierta. El mundo se define como un lugar cerrado, confinado. Si algo sabemos, es que nuestros recursos no son infinitos. Hemos perdido, también, la idea de progreso inexorable. Más que la ascensión que imaginaban los ilustrados, nos encontramos batallando para no hundirnos. Y la idea de nuestras limitaciones imposibilita los sueños.

Estamos lejos de la visión de la *Carta Atlántica*: la paz que se articula por la prosperidad y las relaciones entre naciones basadas en el derecho y encarnadas en las instituciones. La construcción europea se erige así, durante la segunda mitad del siglo XX, en paradigma ideal. Hoy hemos perdido este propósito. Occidente carece del sentido de cuál es su lugar en el mundo. Y Estados Unidos, la nación indispensable, el arquitecto en jefe de este orden liberal internacional, da señales inequívocas de abandonar la empresa, abanderando el transaccionalismo cortoplacista, cuando no el unilateralismo más descarnado.

Éste es el mundo en el que nos encontramos. Demasiado a menudo, en estos últimos años, hemos sentido el impulso de mirar hacia atrás. Las argumentaciones, en general, comienzan con un elenco de logros alcanzados por el orden internacional: paz, prosperidad, educación, salud. Y en la medida en que esos análisis se esfuerzan por mirar al frente, lo hacen casi siempre en apoyo de cambios superficiales en el sistema existente: redistribución de las ganancias del comercio o apoyo al desarrollo de nuevas capacidades. Éstos son asuntos importantes, pero no llegan lo suficientemente lejos.

Debemos afrontar con humildad la cuestión de hacia dónde va la sociedad, de los desafíos a los que hacemos frente, de nuestros valores centrales y cómo preservarlos en este mundo mutante. No podemos simplemente caer en actitudes —demasiado frecuentes— condescendientemente protectoras o críticas frente a las generaciones más jóvenes.

Porque muchos son los que hoy han perdido, los que pierden, la fe en ser dueños de su destino. Las causas de ello están relacionadas con la crisis financiera, con las redes sociales y la desinformación, con la globalización y la automatización, y con el desplazamiento del poder global —en realidad, con el surgimiento de China. Y se traduce, en cualquier caso, en un sentimiento de falta de capacidad de cambiar las cosas, mientras un progresivo sentimiento de desamparo resta a tantos la confianza sin límites que subyace al proyecto liberal.

Debemos restablecer esta confianza en nosotros mismos como ciudadanos, en nuestras democracias, en el orden liberal internacional y, en lo posible, en el futuro. Nuestras comunidades se encuentran en peligro. Nos hemos convertido en colectividades fragmentadas, sin anclaje. Y para reavivar los ideales a los que nos sentimos vinculados, debemos reforzar las conexiones sociales. Si queremos revitalizar nuestros valores, la tradición de la Ilustración, debemos luchar.

Debemos trabajar para renovar nuestro modelo, para modificar la gobernanza, para genuinamente integrar a los ciudadanos, y para adaptar nuestra manera de pensar. Y debemos poner nuestros esfuerzos en reconstruir la comunidad para dar un sentido y un propósito a las nuevas generaciones.

El venero conservador resulta así importante; porque el racionalismo liberal es una arquitectura ambiciosa pero necesitada de complemento. La racionalidad como forma de pensamiento busca depurarse de *eros* y *tanatos* hasta emanciparse del hombre mismo. Pero no olvidemos que lo que nos «maravilla siempre» es tanto «la conciencia moral en mí» como «el cielo estrellado sobre mí». El racionalismo liberal debe integrar la naturaleza sentimental de la motivación, así como nuestro pasado cultural, historia y religión, para resituar a la persona —compleja y completa, no sólo individuo— en el centro. Desde esta perspectiva, el componente conservador busca reforzar la natural interacción de la persona con los demás, con la familia, con la comunidad.

Y sí, nos toca hacer una reflexión sobre España. No en la línea de melancolía ensimismada que tan poco nos ha aportado, sino asumiendo los fracasos colectivos como una lección, sin fatalismo. También sin complejos, sin retórica, sin triunfalismos. Marcando objetivos realistas, construyendo un proyecto común que sí es atractivo, frente a tentaciones centrífugas basadas en la falsificación que sustenta el mito de la tribu feliz.

CULTURA

1

Algunos incordios sobre la libertad civil y una coda sobre las prohibiciones necesarias

José Jiménez Lozano
Premio Cervantes 2002

Exactamente como nadie podía pensar en el mundo en un origen microbiano para explicar una epidemia antes del siglo XIX, tampoco podía pensarse, antes del descubrimiento de América, que había más mundo que el que se conocía, y que todo hombre era un hombre, y que no había hombres con escamas, con un solo pie o con cabeza de perro, como se decía; ni se podía pensar tan inequívocamente que todo hombre era igual a otro hombre, tal y como fue radicalmente formulado por la escuela dominicana de Salamanca que, al pensar y repensar los problemas de los habitantes de las nuevas tierras que España había descubierto, consideró la libertad y la igualdad como condiciones esenciales de humanidad, exactamente como las de pensar y hablar. Y el hecho fue que este nuevo entendimiento de lo humano será el principio informante de la legalidad ordinaria en el decenio de 1530-1540. Y que, fueren como fueren las cosas, ya nadie podrá separar de buena fe la libertad y la igualdad del mero hecho de ser hombre.

1. El primer estadio de la libertad es el de la tolerancia, que no puede ser confundida con ella. *Tolerancia* es una palabra que viene del verbo latino *tollere*, que significa «soportar un peso», y se utiliza en este caso para indicar que soportamos el peso de la diferencia con otra persona o grupo para que éstos, a su vez, nos soporten a nosotros y a nuestro grupo.

Hay una nota de junio de 1851 en el *Diario* de Sören Kierkegaard, en el que éste escribe: «En un folleto de Franklin sobre el espíritu de persecución de los disidentes en los tiempos antiguos, dice que es poco a poco como se ha llegado a reconocer la tolerancia (es decir, que poco a poco se ha hecho indiferente)». Y en otra nota puesta al margen añade: «Tan evidente es que esta tolerancia aparece por la indiferencia de los hombres, pero no es menos cierto que en el origen es un fruto no de la razón, sino del comercio». Y añade: «Y no importa que el traficante pueda comprender que la tolerancia va en interés del comercio. Y ocurre que es cuando el mundo ha caído tan bajo hasta no tener una idea superior a las ideas de los comerciantes, cuando surge entonces la tolerancia... ¡Bebamos a su salud!».

Y Kierkegaard se indigna ante tales orígenes de la tolerancia, aunque nosotros no tiraríamos una sola piedra contra este «espíritu comercial» con recordar solamente que tiene siempre como secuela todo un avezamiento social en la igual acepción de las personas.

2. Pero histórica es también la experiencia de la libertad individual y grupal, propia o de sus antepasados, que muchos de los emigrantes judíos de Sefarad llevaron a Ámsterdam, una ciudad comercial por cierto, cuando su experiencia de libertad y también de tolerancia concluyeron en la Península ibérica desde la cual vienen.

De la mera conciencia del ser hombres y vivir entre otros seres humanos había nacido esa convivencia sin que hubiese resultado de ningún peso o interés en sus diferencias sino la simple conciencia de pertenecer a una familia y tradición, que es lo que se llamaba la pertenencia a una ley, o ley de cada cual, protegida por el respeto natural de las demás a su sola presencia. Y dentro todas ellas de una estructura social y cultural europea y cristiana.

Esta praxis de la libertad que brota no del mero estar juntos, sino del convivir, o vivir unos con otros, tiene una explicación primera en que la naturaleza humana posee una natural prevención ante lo ajeno diferente, pero que luego desaparece en cuanto se da aquella experiencia de la convivencia y, cuando se quiere concluir con ella, la técnica será añadir, a la mera humanidad, ideas e imágenes, una ideología en suma, generadora de odio y violencia, y una práctica de «gueto» o *apartheid* para borrar la profunda humanidad hasta entonces compartida, como yendo de suyo, diríamos, *mutatis mutandis* que como el perro del que habla Emmanuel Lévinas, que «vivía en un rincón salvaje en los alrededores del campo. Pero nosotros le llamábamos Bobby, con un nombre exótico como conviene a un perro querido. Aparecía en el momento de los agrupamientos matinales y nos esperaba a la vuelta, saltando y aullando alegremente. Por él —esto era incontestable— nosotros fuimos hombres».

Pero esta situación de convivencia a la que se ha aludido es absolutamente incomprendida en toda Europa, el idioma de cuyas élites sociales era el latín, y a esa élite es a la que iba dirigida una de las cuatro leyendas que hay sobre la tumba de Fernando III el Santo en la catedral de Sevilla: la inscripción que está en latín. En ella se muestra la sintonía de las teologías de las élites de Europa y las de la Península, que tenían una misma visión de la romanidad europea; aunque había otra parte de la élite peninsular que sabía latín, como se ha dicho, pero se mostraba muy diferenciada en su visión religiosa y socio-política.

En dos de los epitafios, escritos en hebreo y árabe, se dice que el rey allí enterrado «quebrantó y destruyó a todos sus enemigos»; en el epitafio escrito en romance castellano se dice lo mismo realmente: «rompió e destruyó todos sus enemigos»; pero el texto latino utiliza un léxico especialmente agresivo. Y ésta es la violencia que se oculta a quienes no saben latín entre los cristianos, y a judíos e islámicos, aunque no aquella parte de esa élite erudita peninsular que sabía latín, pero se atenía a la realidad de la convivencia de gentes de tres leyes en sus tierras.

Al concluir esta situación, ya estamos en otra realidad recién construida, y se podría decir que la nueva Inquisición o Inquisición castellana será el gran instrumento de la europeización de España, en el sentido, desde luego, de que es un instrumento de homologación de ideas y creencias, y prácticas, con las europeas; esto es, de fabricación de intolerancia como necesidad de Estado, que, enseguida, se formulará en toda Europa en torno a la doctrina: *cuius regio, eius religio*, esto es, que quienes son regidos deben tener la religión de quien les rige.

3. Para medir el cambio o europeización de estas tierras peninsulares, contaré una pequeña historia de un acta inquisitorial, que ofrece, además del testimonio de vida, un obvio encanto lingüístico y narrativo.

El 20 de julio de 1490, se presenta don Abraham de Benveniste, judío, vecino de Soria, que comparece ante los señores inquisidores y, en su denuncia sobre el arcediano de la ciudad, Antonio de Sant Climent, y el abad de Sant Gil, Antón de Ríos, dice «que ha siete años poco más o menos —esto es, en 1483— que byviendo este testigo en el castillo de la çibdat de Soria que vio este testigo que el miércoles de las tinieblas o jueves de la cena en una semana santa de dicho tiempo estando este testigo e los judíos en pascua de pan çençeño, que se vino el arcediano de Soria, que agora es, al qual se llama don Antonio de Sant Climent, a su casa deste testigo en uno de los dichos días o miércoles de las tinieblas o jueves de la cena, e con él el abad de Sant Gil desta çibdat de Soria, el qual agora es, e a la sazón así mismo era, Antón de Ríos, todos vezinos desta çibdat de Soria, e que estovieron todos, aquel día, en su casa deste testigo, jugando el dicho arcediano a los dados con este testigo, todo el día desde mediodía hasta la noche tarde, e que perdió el dicho arcediano de Soria diez o doce castellanos e que bevyeron allí del vino caser deste testigo, e hicieron colación el dicho arcediano e todos los otros».

Así que lo que en primer lugar hay que decir es que el judío don Abraham Benveniste habla en un momento de ruptura y de enfrentamiento de las comunidades judía y cristiana, y desde el lado judío, porque ésta es la hora de tomar distancias, según el nuevo curso de las cosas, la nueva «doxa» o «corrección política», y entonces don Abraham pone a trabajar, y nos ofrece su memoria, ya teñida por una actitud de desquite de ofensa, o de miedo de una vieja amistad, para encubrirla. Y entonces la experiencia de la mera libertad y la convivencia de años atrás se convierten en objeto de denuncia. Lo que aparece mucho más dramáticamente incluso en esta otra historia.

El 22 de julio de 1490, Johan Díaz, vecino de Fuentcaliente, declara ante los señores inquisidores sobre Gonçalo Sánches Cavallo, escribano público, «que ha tres años, poco más o menos, que, un día, fueron este testigo e don Abram Alvo, vezino de Soria, a casa de Gonçalo Sánches Cavallo, escrivano público y vezino de la dicha çibdat de Soria, e que entraron este testigo e el dicho judío en una sala en casa del dicho Gonçalo Sánches Cavallo, e el dicho Gonçalo Sánches Cavallo estaba dentro de una cámara acostado en la cama, que aún non era levantado, e que en entrando en la dicha sala este testigo e el dicho judío, que oyó este testigo cantar de dentro de la dicha cámara un canto, a su pensar y conoscer deste testigo, que era de los cantos de los judíos; e que este testigo, a todo su creer, que lo cantaba el dicho Gonçalo Sánches Cavallo, porque este testigo le conoscía e conosce ha grand tiempo. E que luego quel dicho Gonçalo Sánches Cavallo sintió que estaban personas en la sala, luego cesó el dicho canto e calló, e que entraron este testigo y el dicho judío en la dicha cámara, e vio este testigo e el dicho judío, quel dicho Gonçalo Sánches Cavallo que estaba en la cama dolyente e que no estaba ally hombre ninguno otro. E dixo este testigo que, al tiempo que este testigo y el judío entraron en la sala del dicho Gonçalo Sánches Cavallo, cuando oyeron cantar el dicho canto de judío, que començó el dicho judío, Abram Alvo, a llamar a bozes por que les oyese, e, a su creer deste testigo, porque el dicho Gonçalo Sánches lo oyiese que estaban ally, e callase».

Y este silencio y las voces que da el judío don Abram Alvo para que Gonzalo Sánchez Caballo cese en su canto oracional y no sea descubierto como judaizante suenan intensamente dramáticas a nuestros oídos más de quinientos años después, porque sabemos que advertían del fin de un mundo: el de la libertad natural de lo humano. Y quizá para siempre.

4. A partir de este gran giro de finales del siglo xv, todo lo que no mostraba el escorzo antropológico del cristiano viejo español, de sangre limpia de judíos e islámicos y sin nada que ver con el vil oficio de mercader o banquero, fue definido como judío. Eso ocurrió con el escaso protestantismo español, como con cualquiera otra singularidad ideológica y de costumbres, o hasta de lengua. Y por judíos pasarían también los escasos ilustrados españoles, y, como vemos en *Los aldeanos críticos* de don Xavier

María de Munibe, conde de Peñaflorida, hasta Newton y Galileo Galilei o Gassendi, porque sus nombres no sonaban «a cristiano»; es decir, a los que llevaban los habitantes de Tierra de Campos en el siglo XVIII.

El barroco español, desde luego, está atravesado por la cuestión de la limpieza de sangre y la conciencia de casta limpia y, por tanto, tiene toda la razón Américo Castro cuando dice que el barroco español es antijudería, y añadamos que judaísmo es toda diferencia, y así entramos en la llamada modernidad, en la que no ya la libertad, que ya no existe, sino la mera tolerancia se torna equívoca y difícil, y cabe entender la intolerancia como virtud moral y viva encarnación de la catolicidad-españolidad, que se inscribe en el mismo siglo XIX en el dintel de la puerta de algunas casas: «Viva la fe de Dios y muera la libertad».

5. Las cuestiones de tolerancia habían sido abordadas en la teoría y en la práctica como una exigencia del orden social en una sociedad cuyo mero existir no podría mantenerse sino por un acuerdo de los diferentes para soportar sus diferencias, y podríamos evocar, por ejemplo, la página de sir Winston Churchill sobre la historia del reinado de Isabel I de Inglaterra, en la que se subrayan las grandes oposiciones de violenta religión de Estado que ocurren durante los dos reinados de Eduardo VI y de María I inmediatamente anteriores a ella, y escribe: «La revolución doctrinal, provocada por Cranmer bajo Eduardo VI y la Contrarrevolución de Gardiner, Pole y sus ayudantes, bajo María, expusieron a nuestros agitados isleños, en una sola década, a una terrible oscilación. Aquí estaban los ciudadanos [...] ordenados en nombre del rey Eduardo, a marchar a lo largo del sendero de la salvación y, bajo el reinado de la reina María, a volver a marchar en dirección opuesta [...]. Así se impuso la Nueva Inglaterra a la Vieja Inglaterra; y así la Vieja Inglaterra, en un terrible contragolpe, reanudó un dominio efímero; y de toda esta agónica lucha emergía, bajo la reina Isabel, un compromiso entre la Vieja y la Nueva que, aunque no abatió su guerra, confinó su furia de tal manera que no fue mortal para la unidad y continuidad de la sociedad nacional».

Si valoramos ahora como religiones igualmente en guerra y de modo muy especial la lucha partidaria entre españoles, puesto que las convicciones y acciones políticas entre nosotros son expresadas y vividas como religiones «more judaico» o «islámico» como piensa Américo Castro, debemos concluir que en 1812 quedaban enfrentadas la sustancia y los «mores» del Antiguo Régimen, y las ideas y vividura del mundo moderno como la secularización y las libertades republicanas; y parece que surgiría la necesidad de un compromiso entre la Vieja y la Nueva España, similar al que alude sir Winston Churchill, y se acaba de evocar. Pero, al contrario que en Inglaterra, en España no se supo, no se pudo o no se quiso lograr un similar compromiso, y lo que surgió fue una España desgarrada «para la unidad y continuidad de la sociedad nacional» de los españoles.

La sociedad española moderna parece estar continuamente no en situación de paz ya adquirida, sino en mera situación de armisticio, y la libertad se plantea necesariamente como mera tolerancia y cada cual —tanto individual como grupalmente— tendrá que moderar, suavizar e incluso simular la expresión externa de sus convicciones hasta hacerlas socialmente irrelevantes o ininteresantes del todo, y desde luego deberá renunciar a aquellas conductas que pudieran menoscabar o herir de algún modo a otros individuos o grupos.

6. Pero no resulta menos complejo el funcionamiento de la mera tolerancia en nuestro mundo de filósofos, por decirlo así.

A veces, la libertad no es posible no por «razones de prepotencia del Estado», sino porque supone la laceración o aniquilación de otras libertades individuales, y podemos pensar en el supuesto de la praxis difícilmente controlable de ese mismo Estado o de grandes poderes económicos tecnológicos modernos, que llegan a prescribir hasta el modelo y la técnica para el conocimiento intelectual de la realidad, ante lo que no se daría la posibilidad de disentir siquiera, sin temor a una autoridad intelectual destructiva, como ya está ocurriendo ahora mismo.

Porque tal es la situación cuando, de repente, se viene a introducir en nuestros mismos días una especie de categoría de conocimiento y formulación que en el ámbito social tiende a invalidar, de hecho y a la vez, la herencia cultural e «histórico-tradicional» y la ley, los mismos principios fundantes constitucionales de la libertad y, por supuesto, las formas políticas de la democracia liberal y parlamentaria con sus derechos civiles, y lleva el muy arrogante nombre de «corrección política», una noción totalitaria, como su mismo nombre indica.

Como escribe Jean Bottéro de propuestas similares como la convivencia de civilizaciones o el estructuralismo, se trata de «mitologías modernas, fundadas no sobre lo verdadero, sino sobre lo parecido y, sin embargo, a mi entender, coloreadas con una jerga pseudocientífica, presentándose con la certeza y el aplomo de lo que por otra parte tenemos mejores razones para llamar "saber"», como si la experiencia de la convivencia de personas de varias civilizaciones no se hubiera logrado durante siglos, o como como si la libertad de las mujeres no pudiese ser garantizada por el derecho, y mucho más profundamente por el conformado por la idea cristiana de la igualdad absoluta del género humano. Pero se trata de alzar una mitología victimaria según la cual la historia y la cultura cuasi prehistóricas habrían convertido en víctima, y en todas partes, a toda persona por la simple razón de pertenecer al sexo femenino, por lo que entonces este sexo debe ser vengado con victimaciones en el otro sexo, el masculino, que expiaría el crimen de pertenecer a él y la humanidad entera podría adquirir el pensamiento y el comportamiento correctos en relación con el sexo femenino, de manera similar a como la negación de la enseñanza superior a los hijos e hijas de los burgueses vengaba a los proletarios que anteriormente a la Revolución no pudieron acceder a esos estudios, y con esta pedagogía se formaría el nuevo hombre socialista.

Y en otra de las mitologías modernas a las que Jean Bottéro se refería puede convertirse la elefantiasis y sacralización del fundamental derecho de la libertad de expresión, si no se lo saca cuanto antes del ámbito mental del sayón y de la checa, que es en el que habitualmente se nos muestra. Porque lo cierto es que los ciudadanos filósofos, y especialmente los maestros filósofos periodistas, han venido jugando un juego que se parece siniestramente al del sayón o práctico de checa, que pregunta a la ley o a los señoritos de la casa: «¿Hasta dónde puedo llegar con las noticias, jefe?».

La praxis de ese derecho fundamental de información y expresión puede, además, mitologizarse y sacralizarse y funcionar, de hecho, no solamente como mitología esta vez, sino como verdadero cuarto poder del Estado, que, sin estar normado como tal poder del Estado ni de ninguna otra manera, puede afectar y afecta no sólo a los derechos básicos de los ciudadanos, sino también al funcionamiento y equilibrio mismo de los otros poderes, de los que se constituye no en crítico, sino en juez inapelable, y en ejecutor real, y con ya una amplia virtuosidad en ello.

En medio de esta situación, el eminente jurista y profesor de Yale, Owen M. Fiss, ha visto perfectamente el asunto en su libro *The Irony of Free Speech*, donde escribe: «El Estado actúa simplemente como el presidente de un Parlamento dedicado a asegurar que todos los puntos de vista sean expuestos. Es decir, la libertad no se entiende refiriéndola a un contenido, un *quid* filosófico, ético o religioso, sino que es una estrategia de igualdad de oportunidades para todas las expresiones de cualquier contenido».

Y entonces, con una tal indiferencia básica para con la verdad, necesariamente ha de resentirse la libertad en el pensamiento y en la práctica; y varios derechos serán sacrificados en aras de supersticiones intelectuales como el rousseaunianismo ambiente, y el hecho consecuente o derivado de estas situaciones es, pongamos por caso, que no se pueden vender en las calles neoyorkinas figurillas de un belén navideño, porque eso infringe la neutralidad religiosa del Estado, pero sí se pueden vender figuras de los dioses aztecas, en razón de su significado multicultural. Sorprendente enunciación ésta, que parece tratar de introducir y tornar interesante un *quid* filosófico y discriminatorio, procedente de la mitología de la multiculturalidad, y precisamente, además, en el ámbito del comercio, origen de la tolerancia tal y como la veía Kierkegaard.

Así que habría que hacerse algunas serias preguntas acerca de algunos hechos derivados de esas imposiciones, tales como la simplificación social de las mentes, la depauperación cultural de la colectividad, la imposibilidad de entender siquiera qué es lo que se juega nuestra humanidad en una comunidad sin valores ciertos, y sólo instrumentales, provisionales y opinativos.

Porque para Kierkegaard no sólo está el hecho de que la opinión es en sí misma y necesariamente una no-verdad, por la sencilla razón de que la verdad no es opinable, sino que resulta que es imposible la expresión de lo verdadero fuera del ámbito individual, ya que el simple hecho de dirigirse a la generalidad exige una homologación o manipulación de lo que se comunica; y el lenguaje «de» y «para» la generalidad es necesariamente abstracto, y el resultado forzoso es el de la famosa fórmula kierkegaardiana mil veces puesta a prueba de que «un individuo puede equivocarse, la multitud siempre».

Pero desde que han existido esas dos inmensas barbaries del nazismo y el comunismo, en cuya naturaleza está la fiscalización de la vida humana como para vaciar a los hombres por dentro, y desde que de ahí nació el hábito del buceo y el juicio sobre los adentros del hombre y su denuncia pública, parece que el saber sobre «el otro» se ha constituido en un derecho. Y en oferta honorable se ha convertido la exhibición de la propia vida para espectáculo, sencillamente porque un nuevo público parece que desea ser entrenado en la asistencia a las sesiones de autodenuncia y acoso a los demás, las farsas de los juicios predeterminados por la vileza social y política, y las ejecuciones públicas. Ya no parece que ese público pueda contentarse con emociones menos fuertes y, en cualquier caso, han de ser vilipendiadoras de lo que en otro tiempo se llamó la dignidad humana.

¿Desde qué escalón de descenso de la civilidad y de las conquistas intelectuales, espirituales y éticas de siglos puede hablarse así? La ralea de esta pregunta no es muy diferente de la ralea intelectual y ética de las consideraciones sobre las demandas sociales. ¿Lo que pidan las multitudes y siempre han pedido? Pues piden, y pedirán siempre, sangre y más sangre, en cuanto se señale el chivo emisario que sea declarado culpable de todo mal y se tire la primera piedra sobre él.

7. Mas dejemos de lado, ahora, toda reflexión ética y toda alusión a categorías existenciales de la vieja cultura como la privacidad, el pudor o el juego limpio del usar espada sin canalillo de ponzoña aunque se pierda en la lucha, que era el signo de nobleza en los tiempos tenidos por oscuros.

Esta simple evocación «mores» medievales podría considerarse hoy como una invocación religiosa o sospechosamente metafísica, en un momento, como este nuestro, en el que, sin embargo, ya no podemos decidir sin más que la laicidad o secularidad garantizaría la libertad, porque sabemos que el rechazo europeo de la civilización cristiana en Europa, a la que ha conformado, significa que se rechaza la única civilización humana en la que se da una neta separación entre política y religión, y permite la neutralidad y la laicidad, mientras que hemos visto funcionar un nominalismo laico y neutro como una religión, y se ha instalado como un ateísmo confesional de Estado. O se diluye en una cultura laicista, que es un adjetivo que se entendía como destrucción de todo rastro religioso en ella, pero que ahora transforma la cultura entera en una religión primaria de victimación, cuyo sacrificio se hace de manera indirecta en cabeza de un chivo emisario que pague por todos, o de manera directa, ofreciendo las víctimas que sean necesarias para aplacar a los dioses inmanentes de nuestra sociedad.

Pero las gentes que quisieran hacer preguntas sobre estos asuntos no deben hacerlas, sino aceptar la comprensiblemente necesaria prohibición de mentarlas siquiera, porque carecerían de sentido.

Coda sobre las prohibiciones necesarias

Eric Voegelin ya avisó hace tiempo de que «cuando los demócratas se exaltan con la igualdad y la libertad y olvidan que el dominio requiere cultivo espiritual y disciplina intelectual, [Platón] puede advertirles de que están de camino a la tiranía». Pero los hombres conformados tanto por Comte como por Marx y Nietzsche o los milenaristas hitlerianos, ya dejaron instrucciones al efecto para toda la modernidad y el tiempo de después. Y, en esta situación, explica también Voegelin, «quien plantea preguntas sobre la esencia, vocación y destino del hombre es provisoriamente ignorado. Más tarde, cuando el sistema del positivismo comtiano (o el del marxismo, Nietzsche y el nacionalsocialismo) se haya establecido socialmente, habrá que acallarlo por medio de las medidas apropiadas».

Pero, en cualquier caso, nosotros no tenemos, realmente, pretensión de hacer pregunta alguna, incluso sobre aparentes nimiedades como los viajes estelares, de los que, pongamos por caso, René Girard decía que no dejaban de «intentar apagar de una vez el viejo rumor de que Dios hizo el cielo y la tierra, lo que cada vez se digiere peor por la tecnociencia...».

Y tampoco queremos ensombrecer nuestra esperanza con nuevos elegantes pesimismos existencialistas, sino que desde el más simple realismo —el del hombre kierkegaardiano que fuma su pipa, sentado en el umbral de su casa y viendo pasar el mundo—, sólo tratamos de escuchar las cuestiones anacrónicas y peligrosas que nos preocupan o nos place revisar, las dudas e ironías socráticas, y los obstinados rumores sobre el destino humano, porque ha sido con estos humildes espartillos con los que los hombres libres se constituyeron siempre, y siempre seguirán constituyéndose.

2

La retórica de la libertad

Juan Milián
Coordinador general del Partido Popular Catalán
y asesor en el Congreso de los Diputados

La retórica es el arte de la persuasión. Es un medio para conseguir determinados objetivos, aunque también produce efectos no queridos, ni fácilmente detectables. Fomenta ideas, cambia valores, modula sociedades. La retórica puede unir a la nación más diversa y puede hacer caer el imperio más grande. Puede conseguir que desconfiemos de nuestros vecinos o que pongamos la libertad en manos de un tirano. Sin embargo, también puede impulsarnos a cooperar y a perseguir finalidades morales compartidas, a defender las libertades de nuestros compatriotas y la prosperidad de nuestra nación. Puede servir a la ruin mentira o a la causa más noble. Y es que, nos guste o no, las emociones son determinantes en nuestra manera de ver el mundo y, por tanto, en nuestra manera de decidir y actuar. Así, en el campo de la persuasión el *logos* rara vez vence al *pathos*. La emoción domina a la razón, por lo que la retórica emerge, en palabras de Sam Leith, como «la herramienta imperfecta de un mundo imperfecto» (Leith, p. 91). Y aunque dejarse arrastrar por el sentimentalismo sólo puede llevarnos a la injusticia y a la frustración, ya que las emociones y los sentimientos por sí solos no pueden ser una referencia moral, no podemos ni debemos prescindir de ellos en nuestra defensa de la libertad y de los valores.

Palanca del cambio

La retórica, pues, puede ser una palanca de cambios en la política, pero también es un espejo de los cambios sociales, económicos y tecnológicos. En una época de inseguridades, en la que parte importante de la sociedad busca certezas a las que aferrarse, no es inusual que broten discursos apasionados que exageran los males y simplifican tanto sus causas como sus soluciones, señalando a unos culpables —o inventándolos— y alimentando el odio y el rencor. Son retóricas de victimismo e hipérbole que, siendo signo de los tiempos, forman más parte del problema que de la solución, porque fragmentan y polarizan a la sociedad. Así, pues, la degeneración de la retórica política es a la vez síntoma y causa de la falta de respeto a la ley, de la creciente intolerancia o de la irresponsabilidad. Es una seria amenaza para la libertad, porque socava sus pilares.

En este sentido, hoy vuelve a ser necesario un impulso de un discurso liberal conservador apasionado y atractivo, como lo fue en Estados Unidos durante el mandato de Ronald Reagan. Este discurso es el maridaje entre dos corrientes de pensamiento que han cimentado los éxitos de la civilización occidental. Por un lado, el liberalismo que entiende la defensa de la libertad como el objetivo político prioritario y, por otro, el conservadurismo, es decir, la manera que se ha mostrado más eficaz a la hora de cumplir el sueño liberal, a saber, priorizando la experiencia por encima de la utopía, aplicando la prudencia ante la complejidad humana y social y, por tanto, defendiendo la reforma, y no la revolución, como única forma de avanzar hacia el futuro. Mejor lo resumió Valentí Puig al escribir que «el futuro del centro-derecha depende en gran parte de que sepa asumir las nuevas realidades y al mismo tiempo mantener el arraigo y la cohesión de sus precedentes» (Puig, p. 25).

Esas nuevas realidades son, por otra parte, las de un mundo que podría mirar al futuro con el optimismo de Johan Norberg, quien, nadando por encima del tsunami de malas noticias que inundan los medios de comunicación, observa que la humanidad está mejor que nunca. A escala global, se reduce rápidamente la pobreza, aumenta la alfabetización y la esperanza de vida y vivimos más seguros y más libres que nunca. Sin embargo, son las excepciones —aquello que va mal— lo que se destaca tanto en los medios clásicos como en los digitales, conformando una visión negativa del mundo, un diagnóstico sesgado, lo que hace que el propio ensayista sueco nos advierta de que «sería un error pensar que el progreso está garantizado» (Norberg, p. 25). De hecho, sería un error dar por supuestas la libertad y la democracia. Si las ideas tienen consecuencias, una reacción demagógica derivada de una nostalgia o un rencor inducidos podría resultar nefasta para aquellas, como tantas veces se ha comprobado a lo largo de la historia.

Hipérbole y virtudes cívicas

No obstante, como señala Francis Fukuyama, «las ideas dieron forma al mundo material, y el mundo material creó las condiciones para la difusión de ciertas ideas» (Fukuyama, p. 51). Tanto Karl Marx como Max Weber tenían su parte de razón: la cultura influye en la economía y ésta, en aquélla. Así, hay que ver qué hay de cierto en la base de la ansiedad que sufre la clase media occidental y que es el combustible de la retórica populista. No es la desigualdad, ni tampoco la pobreza, pero sí la percepción de estar entre los perdedores de la globalización, de un estancamiento económico mientras otros crecen y crecen, de que nuestros empleos están en riesgo por la automatización, la inteligencia artificial o la competencia industrial de países como China. Es la desesperanza de la clase media. Ansiedad fruto de la percepción de que nuestras condiciones de vida no serán como las de nuestros padres, serán peores o, en todo caso, inciertas. Ansiedad también porque nuestros barrios ya no son como antes. La diversidad es mayor. Todo cambia muy rápido y existe la sensación de pérdida del control. Y sí, muchos fenómenos que nos producen ansiedad son muy reales, pero también es cierto que la demagogia nunca ha sido solución. Al contrario, suele incrementar los problemas económicos, ya que las palabras que dominan un debate público pueden fomentar la insolidaridad, la irresponsabilidad o la violencia. Es decir, la retórica populista es, como mínimo, un freno a la hora de resolver los problemas que denuncia.

Pero no es fácil superar esa retórica de la hipérbole —la «gran mentirosa», como la definió Puttenham—. La lógica de las nuevas tecnologías de la comunicación juega actualmente en contra de las virtudes cívicas. La reflexión y la prudencia no son precisamente virales en Twitter. Las redes son un elemento polarizador de las opiniones. Fragmentan la sociedad en compartimentos que sólo escuchan su propio eco. Tampoco hay novedad en ello. Suele acompañar a todo cambio revolucionario en los medios de comunicación. Tanto a la imprenta como a la radio y a la televisión les siguieron no pocas convulsiones sociales y políticas. Y es lo que estamos sufriendo hoy con las redes sociales. Éstas no sólo permiten una entrada gratuita y universal en el mercado de la opinión, sino que promueven aquellas visiones más exaltadas y *disruptivas*, algo impensable cuando la opinión publicada se circunscribía a medios dependientes de grandes grupos económicos que tendían a apoyar el *statu quo*. Con sus lógicas, las redes sociales han servido para derrocar regímenes dictatoriales, pero también para desestabilizar las democracias liberales. Y es que la extrema polarización sirve para destruir, pero difícilmente servirá para construir un proyecto político de futuro. El pionero de la realidad virtual Jaron Lanier ha sido muy claro: «Las redes sociales tienen sesgos, no hacia izquierda o derecha, sino hacia abajo» (Lanier, p. 34). Favorecen las opiniones más radicales, las emociones más negativas y las más bajas pasiones. Dividen la opinión pública en tribus morales que viven en burbujas desconectadas unas de otras y rápidamente convierten a nuestros compatriotas en enemigos.

Un ejemplo evidente del regreso de la dialéctica del amigo-enemigo ha sido la retórica nacionalista en Cataluña. Una retórica política que ha conducido a una de las sociedades europeas más prósperas a una notable degeneración de la convivencia. Una retórica política que ha afectado a la vida ordinaria de la ciudadanía. No son pocos los catalanes que han visto modificados sus hábitos por culpa de la tensión política, desde las cenas con amigos a las que se deja de acudir hasta abandonar discretamente grupos de WhatsApp para evitar el conflicto con aquellas personas que se perciben como irremediablemente radicalizadas. Y es que la retórica nacionalista, ora victimista, ora triunfalista, y siempre paranoica, se va alejando tanto de la compleja realidad que deja atónito y asustado al que no se encuentra dentro de su bucle, toda vez que excita a sus seguidores, cada día menos autocríticos, cada día más irresponsables. Sólo de este modo se entiende que los líderes separatistas hayan pasado en dieciocho meses de la gran mentira de la independencia a jurar ante la Justica que nunca lo intentaron sin que una mayoría de sus seguidores haya levantado, al menos, una ceja en señal de asombro.

Éste es un ejemplo claro de que el mundo no sólo se mueve por motivaciones materiales o económicas, como apuntaran marxistas y economistas neoclásicos, sino también, como hemos señalado, por las ideas, entre ellas, la relativamente reciente necesidad de reconocimiento individual o colectivo, que está en la base de las políticas de identidad que tensionan el *demos* de nuestras democracias liberales al anteponer la pertenencia a una religión, etnia, lengua o sexo a la idea de ciudadanos libres e iguales ante la ley. Aquí destaca un recurso retórico como la manida sinécdoque de los líderes populistas que intentan confundir la parte con el todo, hablando de pueblo cuando sólo se refieren a una parte de la sociedad. Una expresión que vuelve a triunfar incluso en la Europa más rica, como podría ser Cataluña, caldeando las emociones hasta el punto de convertir lo plural en irreconciliable e incompatible, y poniendo en riesgo salvaguardas de la libertad como el pluralismo y la tolerancia.

Ésta es una retórica que, primero en Estados Unidos y después en Europa, ha impulsado una izquierda que vio cómo su modelo económico fracasaba y que canjeó su defensa económica de una menguante clase trabajadora por una política de identidad. Creyó encontrar un nuevo filón electoral en este sentimentalismo, en la división de la sociedad en colectivos-víctimas y colectivos-culpables y se ha acomodado a esa retórica emocionalmente sobrecargada que es más tentadora, fácil y barata que pensar eficaces y eficientes políticas públicas integradoras. Sin duda, esa retórica izquierdista ha tenido su respuesta simétrica en la derecha. Es el fenómeno de Donald Trump y de otros tantos, también en Europa. Es un fenómeno que sume a cierta izquierda y a cierta derecha en una retórica de la exageración que, de manera arrogante, desprecia el pasado, la experiencia y la sabiduría acumulada. Y, por ello, nos desprotege ante un futuro del que sólo cabe esperar más frustración y más demagogia.

La renuncia a un discurso cívico sobre aquello que nos une —sobre los valores constitucionales— y la apuesta por la retórica disgregadora de las políticas de identidad degenera fácilmente en un producto tóxico formado por falsas promesas, victimismo y supremacismo. La obsesión por identificar al otro como un enemigo sirve para apretar filas, pero imposibilita el diálogo y, por tanto, el pacto y el reformismo. Así, pues, políticos populistas como el nacionalista Joaquim Torra, quien ha usado un lenguaje propio de los antisemitas del siglo XIX para describir a quienes piensan diferente, sólo pueden obtener parálisis o confrontación. Nunca harán prosperar una democracia. En todo caso, la convertirán en una *vetocracia,* donde cualquier reforma es obstaculizada, o la destruirán al eliminar los derechos y las libertades de una parte de la población.

Por su emocionalidad no es fácil superar la política de identidad y la retórica de la hipérbole, tan alejada de la inteligente ironía o la iluminadora metáfora. Ante la comodidad psicológica que nos ofrece —creer que todo es culpa de otro—, el razonamiento y la argumentación requieren de un esfuerzo extra. Ante el separatismo, por ejemplo, enunciar cualquier hecho que contradiga su relato convierte automáticamente a quien lo hace en un «enemigo del pueblo». No es de extrañar que en las sociedades intoxicadas de nacionalismo sean pocos los que se atrevan a incomodar con la verdad. El ser humano «teme el aislamiento más que el error» es la cita de Alexis de Tocqueville que rescata la politóloga Elisabeth Noelle-Neumann para explicar la espiral del silencio, ese fenómeno que arrincona la razón para sublimar la lealtad (Noelle-Neumann, p. 13).

Valentía y oportunidades

Así pues, la retórica de la libertad necesita una gran concienciación de la gravedad de la situación. Necesita sobre todo valentía. Valentía para incomodar a los que nos quieren señalar o aplastar con etiquetas, porque la defensa de la libertad requiere virtudes poco atractivas como «ser capaz de no dejarse apartar del propio rumbo aun en el caso de que uno se quede solo, estar dispuesto a vivir con las contradicciones y los conflictos del mundo humano, tener la disciplina de un espectador comprometido, que no se deja comprar, y una entrega apasionada a la razón como instrumento del conocimiento y de la acción» (Dahrendorf, p. 87). Quien crea en la libertad, pues, debe ejercerla compareciendo en el debate público, aunque éste esté emponzoñado por las pasiones irracionales. Debemos tener fe en la razón, sin dejar de reconocer que ésta no lo es todo, y menos en política. De esta manera, siendo las emociones necesarias para mover voluntades, no podemos renunciar a ellas, sino que debemos saber ponerlas al servicio de la defensa de la libertad. Es decir, debemos saber construir una retórica de la razón apasionada.

Y debemos saber hablar para un público que vaya más allá de nuestro entorno ideológico. La libertad se ahoga en el charco del tribalismo cuando no hay un relato de finalidades morales compartidas. Las razones económicas —repetimos— sólo explican una parte de las motivaciones del electorado. Si no hay una finalidad moral compartida, cunde la sensación de inseguridad y se reacciona buscando el amparo de la tribu. La retórica de la libertad debe ofrecer esa finalidad integradora, ese patriotismo basado en los valores constitucionales. Si no hay una conexión emocional a estos valores, será más difícil que la libertad sobreviva. Si la identidad no se vincula a la libertad y a la igualdad de todos los ciudadanos, se acabará vinculando a identidades étnicas o religiosas, lo que fragmentará y debilitará la democracia. La izquierda española —como la de otros países— hace tiempo que ha abandonado ese discurso de finalidades comunes por la nueva tendencia a la política de identidad, como el feminismo radical, o por su irresponsable acercamiento al secesionismo. Es, pues, el centro-derecha, el liberal conservadurismo, el que tiene la misión hoy en España de reconstruir un discurso patriótico, sin estridencias pero apasionado, que nos convoque a la defensa de los valores comunes del constitucionalismo, entre ellos, la libertad y la igualdad de todos los españoles.

A veces, cuando se apaga la esperanza y todo parece oscuro, surge una oportunidad, el silencio se rompe y la libertad se abre paso. Lo vivimos en Cataluña durante aquel otoño de 2017 en el que rozamos el conflicto civil. Tras décadas de abusar de los recursos públicos y de las competencias autonómicas a favor de una estrategia diseñada para totalizar la sociedad catalana por parte del nacionalismo, el denominado «proceso» separatista generó un clima de asfixia insoportable para cientos de miles de catalanes. Así, aquel 8 de octubre el constitucionalismo llenó las calles de Barcelona ejerciendo una defensa física de la libertad que el separatismo pretendía arrebatarnos implementando una república que, dibujada en las leyes aprobadas autoritariamente en el Parlament un mes antes, nos alejaba de cualquier estándar democrático europeo para situarnos en un régimen sin separación de poderes, ni respeto por los derechos de la oposición.

Con todo, el separatismo catalán puede ser una paradójica oportunidad para los defensores de la libertad en España. Orwell señaló que el nacionalismo es un deseo de poder. Y a él se supedita todo: la convivencia, el respeto a la ley, la ética de la responsabilidad o el aprecio a la verdad. La degeneración, en este sentido, del nacionalismo catalán nos ofrece a aquellos que defendemos las libertades individuales y la unidad de España la posibilidad de construir una retórica, también emocional, pero vinculada, por contraste, a valores positivos. Mientras el nacionalismo catalán se ha ligado irremediablemente a la insolidaridad, la intolerancia, la mentira, la burocracia, el intervencionismo y las redes clientelares, los defensores de la libertad tenemos la oportunidad de promover una retórica afectuosa a favor de España vinculada a la solidaridad, el pluralismo y la libertad.

La retórica de la libertad no podrá prometer un futuro perfecto, pero tampoco nos obligará a ser lo que no somos. Simplemente nos abrirá la posibilidad de luchar por un mañana mejor.

Eso sí, requerirá de un trabajo previo arduo y constante para que pueda germinar. Para que sea ganadora en el debate público, la retórica de la libertad necesita que seamos conscientes de la importancia de la cuestión cultural. Los partidos políticos se mueven por principios, pero también por incentivos electorales, y sólo si éstos observan una sociedad favorable a la libertad, la defenderán con más pasión. Así pues, hay que generar un círculo virtuoso y para ello somos tan responsables los políticos como los creadores de opinión de cualquier ámbito de la sociedad, desde las universidades y los *think tanks* hasta el individuo más anónimo en las redes sociales. Para que determinada retórica triunfe, es necesaria una sociedad preparada y, para ello, es necesario voluntad, tiempo, recursos y liderazgos. Ronald Reagan llegó en los años ochenta porque desde los años sesenta se iba fraguando una cultura propicia a la retórica de la libertad.

Invitación final

En definitiva, hoy la compleja realidad social, económica y tecnológica hace que sea más difícil construir una visión compartida de nuestro destino. Sin embargo, la incomparecencia en esta batalla sería tan suicida como imperdonable. De esta manera, este capítulo ha pretendido ser una invitación a la derecha española a explorar una retórica que se eleve por encima tanto del populismo como de la tecnocracia. Que no alimente la confrontación, pero que tampoco ignore los problemas y los miedos del ciudadano común. Que no caiga en la caricatura del revolucionario o del nostálgico, pero que tampoco sea simplemente la fría voz de la legalidad. Es necesario que el liberal conservadurismo español encuentre un virtuoso equilibrio entre el reformismo necesario para superar los retos sociales, económicos y tecnológicos y la defensa apasionada de la libertad.

3

La era de las identidades

José María Marco
Escritor, columnista en *La Razón*, Departamento de Relaciones Internacionales UPCO/ICADE (Madrid)

Miguel Ángel Quintana Paz
Filósofo y profesor de Ética y Filosofía Social

Parece poco dudoso, tanto para sus hinchas como para sus críticos, que Occidente se encuentra desde hace ya algunas décadas en lo que podríamos llamar *la era de las identidades*.[1] Ahora bien, ¿cuándo surgió la misma? ¿Por qué? ¿Quiénes fueron sus pioneros? ¿Qué características adopta y qué implicaciones tiene? Abordar estas preguntas sin duda nos ayudará a responder a este apogeo identitario, que es el objetivo que afrontaremos al final de este capítulo. Las identidades nos rodean por doquier y seguramente están aquí para quedarse: la pretensión de elaborar un pensamiento liberal o conservador que prescinda de tal realidad se halla abocado al fracaso. Con todo y con eso, que vivamos en la era de las identidades sólo significa que hemos de aprender a lidiar con ellas, no que tengamos que rendirles necesariamente la pleitesía que a menudo nos reclaman en los términos estrictos que ellas ansían (y que cierta derecha y, sobre todo, la mayor parte de la izquierda apoya).

1. Tomamos prestado el título de Marcel Gauchet, que titula «La edad de las identidades» uno de los capítulos de *La religion dans la démocratie*, Gallimard-Folio, París, 1998, p. 121.

De Fráncfort a Norteamérica, sin parada en la posmodernidad

Lo primero que llama la atención al constatar el rol predominante que tiene la idea de identidad en nuestros avatares sociales, políticos y teóricos es que se trata de una supremacía bien reciente. Como nos recordaba Eric Hobsbawm en 1996, durante una famosa conferencia titulada «La izquierda y la política de la identidad», todavía en 1968 la *International Encyclopedia of the Social Sciences* consideraba la identidad algo que atañía sólo a problemas muy circunscritos, como, verbigracia, las preguntas de los adolescentes sobre sí mismos. En una línea semejante, la edición del *Oxford English Dictionary* de principios de los años setenta aludía al término *etnicidad* como un vocablo poco frecuente, más propio del siglo XVIII y relacionado con «supersticiones paganas». Ni los redactores de la enciclopedia citada ni los del diccionario podían sospechar, pues, el éxito creciente que estaban a las puertas de cosechar ambos términos, así como otros relacionados (*privilegio, minoría, reconocimiento...*).

Algo similar podemos comprobar que ocurría en lengua española con la edición, a mediados de los años noventa, del *Diccionario de Filosofía*, originariamente redactado por José Ferrater Mora (y luego sucesivamente actualizado por Josep-Maria Terricabras). Allí el término *identidad* era definido todavía sólo en su sentido ontológico y lógico, sin referencia alguna al papel determinante que estaba ya cobrando en filosofía política y social. Habrá de esperarse a actualizaciones aún posteriores de tal diccionario para que éste comience a prestar atención a esta otra acepción, sociopolítica, de la identidad: la que hoy seguramente sea su acepción estrella.

¿Qué sucedió, pues, en esos años que van de finales de los sesenta a mediados de los noventa para que lo identitario cobrara todo su actual protagonismo? Ya en 1980 el sociólogo Alain Touraine daba por hecho que nos encontrábamos en una época de «postsocialismo», que él identificaba con un giro importante en la izquierda política (lo que otros, en el ámbito anglosajón, estaban llamando *New Left*). Ese giro consistía en dejar de considerar a la clase trabajadora como aquel grupo privilegiado al que se dirigía el mensaje izquierdista, y empezar a reputar igual o más importantes a otros colectivos: preferentemente, las minorías raciales, nacionales, de género, de orientación sexual... Es decir, justo los colectivos que protagonizarían nuestra era de las identidades.

Ahora bien, ese giro que Touraine daba ya por consolidado en la izquierda de 1980, ¿de dónde procedía? Creemos que es plausible ubicar en la obra de un miembro de la Escuela de Fráncfort, Herbert Marcuse, la pista fundamental para responder a esta pregunta. De hecho, las fechas coinciden: en 1964 (por tanto, según hemos visto antes, en una época en la que la cuestión de las identidades no poseía aún el empaque que cobraría poco más tarde), Marcuse publicó una de sus obras más leídas: *El hombre unidimensional*. Allí, desde un marxismo muy crítico con el del resto de sus compañeros, denostaba a la clase trabajadora por ser incapaz de cumplir la misión histórica que Karl Marx, en su día, le había asignado: los obreros de los años cincuenta e inicios de los sesenta se hallaban demasiado bien integrados en la sociedad capitalista; habían sido de algún modo «comprados» merced a su seiscientos, sus vacaciones en la playa e incluso, quizá, su apartamentito allí. Por todo ello, de ser «fermento del cambio social» habían pasado a todo lo contrario: a convertirse en «fermento de la cohesión social».[2] Si se quería superar el capitalismo había que acudir, pues, a otros grupos que sí pudieran establecer una relación dialéctica, como la querida originariamente por Marx, con respecto a este sistema económico, pero grupos que ya no eran los queridos originariamente por Marx.

Como ocurre con frecuencia entre los miembros de la Escuela de Fráncfort, Marcuse no resultaba del todo explícito acerca de cuáles habían de ser concretamente tales grupos; menos aún, acerca del modo preciso en que éstos podrían realizar nada menos que la hercúlea tarea de derribar ese capitalismo tan triunfante como para haber integrado ya incluso a la antigua clase

2. Herbert Marcuse, *El hombre unidimensional. Ensayo sobre la ideología de la sociedad industrial avanzada*, Seix Barral, Barcelona, 1965, p. 285.

obrera. Tal y como bien expresa el título de su libro, el autor alemán se detenía minucioso en explicar por qué el hombre de su tiempo (integrado, unidimensional, no dialéctico) había perdido toda capacidad de plantear una alternativa a la sociedad existente; pero Marcuse estaba lejos de dedicar la misma minuciosidad en concretar él mismo cuál podría ser tal alternativa. Sólo de pasada, y ya hacia el final de su volumen, mencionaba al menos cuáles podrían ser los nuevos protagonistas de la revolución social que sustituyeran a los obreros de Marx: «Los proscritos y los "extraños", los explotados y los perseguidos de otras razas y de otros colores, los parados y los que no pueden ser empleados».[3] Dicho en palabras más actuales: las minorías identitarias ya cobraban el protagonismo propio de la *New Left* o el «postsocialismo», junto con los más excluidos de entre los excluidos de la sociedad (lo que Marx había etiquetado como el lumpen: aunque en su caso, opuesto al marcusiano, para negar que pudiera ejercer de sujeto de la revolución). Con las revueltas estudiantiles de Mayo del 68, que de algún modo le convirtieron en uno de sus popes, Marcuse añadiría a los jóvenes universitarios, así como a la intelectualidad más radical y bohemia, entre los nuevos sujetos de ésta, a su juicio posible, nueva transformación social.

Minorías identitarias, nuevos pobres, clases intelectual y bohemia (universidad, periodismo, Hollywood): no les falta razón a los muchos que hoy hablan del «triunfo de Marcuse»[4] entre la izquierda, pues son justo ésos los colectivos que ésta reputa sus interlocutores privilegiados. Cabe observarlo de modo paradigmático en países como Estados Unidos. En nuestro país, el profesor de Derecho, Francisco José Contreras ha hablado de «marxismo cultural»,[5] algo a lo que nosotros nos hemos permitido

3. Ibídem.

4. Ronald Aronson, «Marcuse Today», *Boston Review*, 17 de noviembre de 2014, <http://bostonreview.net/books-ideas/ronald-aronson-herbert-marcuse-one-dimensional-man-today>

5. Francisco J. Contreras y Diego Poole, *Nueva izquierda y cristianismo*, Encuentro, Madrid, 2011.

referirnos a veces como marxismo *cool*-tural. Y el filósofo Gustavo Bueno ideó un término bien oportuno para este nuevo estilo triunfante de izquierdista: la izquierda «divagante», dentro de las izquierdas «indefinidas». Es decir, un tipo de izquierda que carece de un proyecto completamente definido de cómo organizar el Estado, pero que se dedica a hacer apelaciones de apariencia más o menos bienintencionada, en realidad idealista y desconectada de la realidad, para granjearse la identificación de aquellos grupos sobre los que aspira a poseer cierto monopolio. Recordemos que, si tienes en tu haber (como hoy tiene esa izquierda) los ya citados «universidad, periodismo y mundo del espectáculo» como buena alumna de Marcuse, entonces cuentas con las principales industrias productoras de ideología de nuestra sociedad. Y ello te concede ventajas innegables.

Ahora bien, una vez atestiguada esta cepa francfortiana de la era de las identidades, hemos aún de apuntar, siquiera sea rápidamente, a otras dos raíces de la misma: una de ellas, auténtica; la otra, falsamente considerada como tal.

El foco auténtico al que nos referimos es la discusión estadounidense entre comunitaristas y liberales, que cobraría todo su empuje en los años ochenta (década que significativamente se inicia con la publicación de *Tras la virtud*, de Alasdair MacIntyre, y concluye con *Fuentes del yo*, de Charles Taylor). Los comunitaristas (a quienes se unirán más tarde, desde posiciones pretendidamente liberales pero que acaban siendo coincidentes en sus consecuencias prácticas, autores como Will Kymlicka) abogaban por entender a los miembros de la sociedad de una manera bien concreta. No los consideraban ya como individuos libres e iguales ante la ley, una vez que se les hubieran abstraído todas sus determinaciones particulares (sexo, raza, orientación sexual, religión, etnia...). Ése era el modo de ver las cosas de los liberales, a quienes los comunistas se enfrentaban. Por el contrario, el comunitarismo subrayaba que, primero, resulta imposible participar de la vida social dejando de lado todos esos rasgos que configuran nuestra identidad; y, segundo, que ni siquiera es deseable dejar de lado esas identidades, que enriquecen la diversidad del espacio público. Hace falta, pues, siempre según este modo de pensar comunitarista, promover políticas de reconocimiento de la identidad de cada cual, incluso hasta el punto de que el Estado se comprometa lo más activamente posible en preservar toda la diversidad cultural de los miembros que lo forman: del hecho de la multiculturalidad hay que ir hacia una política del multiculturalismo.

Este multiculturalismo implica, por tanto, dar todas las facilidades posibles para que las diferentes comunidades que habitan cierto espacio (ciudad, nación, planeta) puedan pervivir y preservar sus peculiaridades identitarias. Ello incluye que cada comunidad o cultura pueda conservar sus propias reglamentaciones internas (leyes, costumbres, tradiciones, formas de conocimiento...), con un solo principio común a todas ellas que regule los inevitables puntos de contacto entre los diferentes: el respeto máximo a esa misma diversidad. El ideal multiculturalista es por consiguiente el correlato político perfecto a la era de las identidades diversas. Adoptado con mayor o menor entusiasmo en unos u otros países (Canadá, por ejemplo, patria de los ya citados Taylor o Kymlicka, es paradigma de su esplendor), en todos ellos ha tenido un mismo resultado, como nos advirtió hace tiempo Mikel Azurmendi:[6] romper la ciudadanía común (iguales leyes, igual trato) y fomentar las líneas de fractura entre comunidades, grietas que en cualquier momento pueden desembocar en conflictos serios entre ellas... de los cuales el propio multiculturalismo que los ha labrado se presentará como salvador.

En fin, para terminar este repaso por los antecedentes de nuestra era de las identidades, citemos un tercer foco que a menudo se ha reputado como otra de las fuentes de la misma, pero que sin embargo dista mucho, a nuestro juicio, de ejercer como tal. Estamos pensando en el conjunto de pensadores que, de un modo un tanto laxo, cabe etiquetar como «posmodernos». Si bien es cierto que todos ellos someten el ideal ilustrado a una crítica no menos acerada que la que pudiera provenir de francfortianos como Marcuse o multiculturalistas como Taylor y

6. Mikel Azurmendi, *Todos somos nosotros. Etnicidad y multiculturalismo*, Taurus, Madrid, 2003.

Kymlicka, y apuestan por una pluralidad identitaria que en principio pudiera parecer que les aproxima a estos dos últimos autores, la verdad es que su propuesta no puede estar más alejada de las políticas de la identidad promovidas por éstos. Jean-François Lyotard, Gianni Vattimo, Richard Rorty y tantos otros seguramente se oponen a la idea de un espacio público común en que las identidades no importen; pero ello no les lleva a abogar, como el multiculturalismo, por un número discreto de grupos más o menos cerrados en la preservación de su cultura tradicional, a cada uno de los cuales quedaría adscrito cada individuo con la obligación implícita de preservarlo y protegerlo de la amenaza potencial para su integridad que representan todos los demás. El motivo por el que no se puede equiparar a estos autores posmodernos con los multiculturalistas es que reconocen en el interior de cada sujeto una igualmente bulliciosa pluralidad de identidades, que se adecua mal a la compartimentalización social estática que pretende el comunitarismo. Dicho de otro modo: a un posmoderno le importa sin duda que uno sea mujer, gay, negro, judío, inmigrante, vasco o transexual; pero le interesa igualmente que cada uno sea capaz de jugar con todas esas identidades, sin necesidad de subsumirse en un grupo (el de los gais, el de los negros, el de los vascos...) que le marque la obligación de «preservar su identidad» frente a la amenaza de agentes extraños. Jugar con todas esas identidades que a cada uno nos constituyen, ironizar sobre ellas, aceptar la mezcla o mestizaje con otras, debilitarlas incluso (según el nihilismo vattimiano), son actitudes típicas del posmoderno que, sin embargo, horrorizan un tanto al empeñado, como buen multiculturalista, en fortalecer comunidades, identidades y grupos mediante las políticas de la identidad.

La era de las identidades: claves para comprenderla

La era abierta por la ya citada revolución antiautoritaria de los años sesenta iba a traer un mundo nuevo. Lo trajo, efectivamente, aunque no todo iba a ser como se imaginaban aquellos revolucionarios sin revolución (revolución política, se entiende), tal y como habló de ella Aron.[7] El florecimiento de decenas, si no centenares, de organizaciones, siglas y propuestas izquierdistas no logró disimular el descrédito del comunismo. Pronto llegó, después de 1973 y la crisis del petróleo, la del modelo socialdemócrata que había sustentado el crecimiento y la estabilidad de las sociedades occidentales desde el final de la guerra. Paradójicamente, la revolución —ahora sí— desencadenada a finales de los sesenta —ajena a cualquier jerarquía, horizontal, en red: el rizoma teorizado por Gilles Deleuze— traía una nueva explosión capitalista, no la superación de éste.

El principio de diversidad que estaba en el núcleo mismo de la revolución venía acompañado además de un primer avance de la globalización. Empezaban a ponerse en marcha procesos de uniformización de dimensión desconocida hasta entonces y que hoy, después de que hayan afectado a todo nuestro entorno y a nuestra vida cotidiana, conocemos bien. El mundo, se dice, ha dejado de tener *carácter*, aunque nunca, también es verdad, se había vivido mejor ni se había producido una adhesión tan extensa a algunos principios políticos.

También en aquellos años se aceleró la secularización. Hasta ahí la religión, a pesar de la ya asentada distancia entre el Estado y las iglesias, había seguido teniendo un papel organizador de la urdimbre social. Los sesenta y los años setenta destruyeron aquel equilibrio que sostuvo la estabilidad del pacto socialcristiano y socialdemócrata desde el final de la segunda guerra mundial. Había empezado el proceso de «desencantamiento» del mundo, según la expresión de ecos weberianos que desarrolló Marcel Gauchet, proceso paralelo a la cada vez mayor autonomía que iba adquiriendo el individuo. En este punto, la globalización se define no ya como extensión de unos mismos hábitos y un mismo código, sino como la capacidad de cada cual para decidir, y al final crear, su propia identidad. Autodeterminarse de forma radical, sin sujeción a ninguna tradición, a ninguna comunidad, a ningún territorio.

Este nuevo «yo» presentará dos características contradictorias. Por un lado, será un constructo —artificial, por tanto— fruto

7. Raymond Aron, *La révolution introuvable*, Fayard, París, 1968.

de un «relato» o una «narrativa», en el que siempre será posible detectar lo que en su elaboración interviene de poder —y por tanto de política—. Aquí se percibe el rastro del proyecto de demolición del sujeto llevado a cabo por lo que se ha llamado en alguna ocasión el «pensamiento del 68», precedida por los maestros estructuralistas.[8] Por otro lado, en ese nuevo «yo», el sujeto busca la expresión de un fondo auténtico, aquel que revela lo que se es de verdad, sin mediaciones, sin interferencias, de forma completamente libre, como nunca se había ni siquiera soñado al que se pudiera llegar. Iba a empezar a hacerse realidad la autenticidad con la que soñó Rousseau cuando en las *Ensoñaciones de un paseante solitario* reconstruía el habla y el estilo del primer ser humano, el ser humano natural aún no corrompido por la sociedad.

Desde entonces, de lo que se trata es de llegar a ser lo que se es. Descubrir en el interior del propio ser ese fondo intacto, impoluto, preservado de la contaminación externa y que, desarrollado en libertad, tiene la llave de la plenitud, o la felicidad, de cada uno. Todos somos susceptibles de abrirnos a este proceso de florecimiento y realización porque todos somos portadores de esta realidad auténtica que nos define. De no emprender la aventura a la que se nos invita sin tregua, de hecho, quedaremos del lado de las falsificaciones y las mentiras: todo aquello que debemos dejar atrás para ser por fin lo que somos.

Es en ese punto donde se empieza a entender la revolución operada en los últimos decenios. Antes —como explicó Marcel Gauchet— se accedía a lo público y a lo político apartando aquello que singularizaba al sujeto social.[9] Se alcanzaba la ciudadanía estadounidense sumergiéndose en el *melting pot* del que salía un nuevo ser humano, el ciudadano imbuido del credo estadounidense, ese conjunto de preceptos y principios de índole, en última instancia, universal. La República francesa exigía que el ciudadano dejara atrás todos los rasgos particulares, entre otros de religión o de lenguaje, que lo enraizaban en un terruño ajeno y rebelde a la exigencia universalista republicana: es el triunfo de

8. Luc Ferry y Alain Renaut, *La pensée 68*, Gallimard-Folio, París,1988.
9. M. Gauchet, *La religion dans la démocratie*, París, Gallimard, 1998, p. 122.

Kant y la enseñanza republicana, tan odiados por los nacionalistas franceses. (Incluso en España, donde la tolerancia a las particularidades ha sido siempre muy superior, hasta configurar un régimen y una dialéctica propia entre lo particular y la ciudadanía, había que realizar un esfuerzo de sublimación.)

Ahora ya no es así. Ahora se accede a lo público y a lo político no desde la neutralización de lo que le es propio a cada uno, sino desde su afirmación. De hecho, la condición de acceso a la palestra pública está ahora en ser —y demostrar que se es— lo que se es: vasco, catalán, homosexual o gay, mujer, etc. La identidad, entendida de esta forma nueva, ha pasado a estar en el centro mismo de la política.

Esta nueva forma de identidad está muy lejos de las anteriores «identidades», ya sean políticas —las de la Estado-nación, en términos occidentales— o las que se deducía del grupo, de la comunidad. En cuanto a la primera, heredera de la nación liberal, llevaba inscrito en su mismo núcleo una aspiración a lo universal que se manifestaba en la lealtad primera y básica a los derechos humanos, por mucho que la matizaran los elementos nacionales particulares, que adquirían así una nueva dignidad y le añadían sabor y carácter. (De hecho, antes de la ofensiva nacionalista, que dinamita esta tradición a finales del siglo XIX, el cosmopolitismo prolongaba naturalmente la lealtad nacional.) En cuanto a la identidad comunitaria, se situaba en otro registro, vital e intuitivo, en el que la persona está inmersa fuera de cualquier elaboración o cálculo político.

Ahora ya no es así, por mucho que se haya reivindicado lo comunitario en forma de comunitarismo. Lejos de la separación previa, inherente al orden liberal, entre esfera privada y esfera pública, todo se ha politizado o está en trance de politizarse (*devenir político*, se diría en términos sesentayochistas). Y todo es ya político, en particular aquello que no lo era o que, desde el punto de vista de la sospecha generalizada, lo era más que cualquier otra cosa. Las antiguas identidades, que permitían esa forma de salvaguardia, sobreviven a duras penas. De ahí el descrédito de la identidad masculina, o de la nacional, ambas con vocación mayoritaria y, según este razonamiento, manipuladoras —por artificiales— a la fuerza. Sólo un monstruo se define por su identidad española o masculina.

Ahora soy lo que me distingue, y soy sólo en la medida en que me diferencio de los demás. Sólo la fidelidad a mi propia originalidad me permite presentarme ante los demás como garantía de autenticidad, respetuoso por tanto, o tal vez —lo que es todavía mejor en un mundo de activismo perpetuo— incitador de esa misma diferencia en ellos. Como comprendió Charles Taylor, la identidad así entendida necesita de los demás: de su mirada, de su aceptación o de su comprensión. De ahí lo que Taylor llamó «política del reconocimiento», que es la estrategia por la cual el reconocimiento de las identidades —nacionales, étnicas, religiosas, lingüísticas, sexuales, de género, etc.— se convierte en el centro mismo de la acción política.

En su breve ensayo sobre la identidad, Francis Fukuyama retoma el antiguo concepto platónico de dignidad —*thymos*— para intentar comprender la actual oleada identitaria —ya sea desde el progresismo, con las identidades minoritarias, o desde la derecha, con la tentación nacionalista—. El debate, en cualquier caso, viene de lejos. Allan Bloom fue de los primeros en apuntar cómo las políticas de supuesta dignificación de las minorías habían puesto en peligro la naturaleza *liberal* de la universidad estadounidense. La identidad —y su derivada social, el multiculturalismo— ha estado en el centro del debate público en Canadá y en Estados Unidos y en los dos casos ha hecho variar la forma en la que los nacionales viven la naturaleza misma de su país. Recuérdese la respuesta de Samuel Huntington, con su reivindicación de una identidad cultural estadounidense, frente a la nación de minorías insinuada durante la presidencia de Bill Clinton. Las llamadas políticas de identidad, de hecho, surgen en paralelo a la crisis, primero, del marxismo y luego de la socialdemocracia (en términos estadounidenses, el Partido Demócrata y los grandes sindicatos), hasta el punto, según el análisis de Mark Lilla, de haber acabado con las posibilidades políticas del progresismo o de la izquierda y haber propiciado, por lo menos en parte, una respuesta populista e identitaria plasmada en el acceso a la presidencia de Donald Trump. Esta respuesta acepta el reto de dar contenido político a aquello mismo que esa misma política de la identidad había querido descartar como ajeno a la nueva esfera pública, algo diagnosticado y anticipado en su momento por Christopher Lasch en su ensayo *La rebelión de las élites*. De ahí el escándalo que suscita esta respuesta que, en la lógica de la política de la identidad, no debería haber tenido lugar. En otras palabras: reivindicamos la diversidad (de hecho, la diversidad es nuestra principal reivindicación), pero siempre que retengamos su monopolio.

Más allá del terreno político y cultural, a lo que asistimos es a una completa reconfiguración social de los papeles respectivos del Estado y de la sociedad. El Estado, que desde los años setenta se ha convertido en el garante de todos y cada uno de los derechos sociales e individuales, ha acabado por hacer depender su propia legitimidad del reconocimiento de esas identidades. Buena parte de la política actual consiste en la representación de la diversidad. Por otro lado, las identidades, que debían ser el reflejo de la autenticidad del yo del sujeto emancipado y autónomo, han perdido en el camino el menor rastro de espontaneidad, aquél al que una vez, en los inicios del movimiento, aspiraron. No es ya, como dice Fukuyama, que requieran reconocimiento. Es que sólo existen en la medida en que son reconocidas (por el Estado, más precisamente). Fuera de eso, no tienen la menor posibilidad de supervivencia, ni se le ocurre a nadie buscarla. Las identidades son porque el Estado reconoce su existencia.

De todo esto se deducen diversas paradojas, analizadas por Marcel Gauchet en *La religion dans la démocratie*.[10]

Una de ellas es que el esfuerzo del Estado por reconocer las identidades —lo que Gauchet llama la «demagogia de la diversidad»— no va acompañado de un reconocimiento recíproco por parte de esas mismas identidades, que necesitan negar la relación con aquello mismo de lo que dependen, mientras el Estado, a su vez, promociona, elabora y difunde un discurso que podríamos llamar contracultural y que lleva a poner en cuestión sistemáticamente —porque no puede hacer otra cosa— su propia legitimi-

10. M. Gauchet, *op. cit.*, p. 157 y ss.

dad. La política de la identidad lleva directamente a la victimización como principio básico y como estrategia política: no hay identidad feliz, ni reconciliada con la sociedad. (Aunque en este punto conviene recordar otra dimensión de la «identidad infeliz»: la que Alain Finkielkraut asigna a la identidad nacional, siempre necesaria a pesar de su carácter parcial, y más que nunca después del desplome del «relato nacional».) Quizá también por esa misma diversidad, a mayor empeño de cercanía, mayor sensación general de alejamiento, lo que se corresponde con una crisis general de la representación que se traduce en la fragmentación política actual y en el hundimiento de las opciones políticas tradicionales, aquellos partidos *big tent*, que eran capaces de alcanzar y establecer grandes consensos, hoy día difíciles de imaginar. Del mismo modo, hemos asistido en los últimos años a un retorno del prestigio y el atractivo de la democracia directa. Ahí están los referéndums con los que una sociedad aspira a construirse o a reconstruirse (y a «salvaguardar» su identidad), como ocurre con el Brexit o los (ilegales) celebrados en Cataluña, o las elecciones primarias dentro de los propios partidos, que han contribuido a deshacer la consistencia de las organizaciones políticas tradicionales.

También se vuelve cada vez más difícil la integración global de la diferencia en un bien común que antes no estaba puesto en duda. El debate o la conversación pública se ven dificultados cuando los que intervienen en ella no exponen razones o intereses, sino experiencias, relatos inspirados en sus propias vidas. (¿Y hay algo más «inspirador», por otra parte, que el relato de lo experimentado en primera persona?) Y, sobre todo, la política de las identidades conduce a la multiplicación de lo minoritario. Todo es minoritario, incluso un «colectivo» como el de las mujeres, y lo único que queda excluido, en este camino hacia la *inclusión*, es justamente aquello que tiene —o tuvo— pretensiones de mayoría.

Al mismo tiempo, no hay, como la hubo en otros tiempos, al menos en cuanto a la retórica, puesta en cuestión de ese mismo Estado, que a pesar de la desconfianza que suscita, sigue siendo objeto de la mayoría de las demandas que se le hacen desde las minorías y las identidades. De hecho, el Estado no ha dejado de crecer y sólo el horizonte de la quiebra es capaz de detener su voracidad y su afán reglamentista. Y la multiplicación identitaria no evita —al contrario— la uniformización universal a la que aludíamos más arriba.

En muchos aspectos, en particular para todos quienes se encontraban excluidos o marginados, muchas veces castigados —de forma extremadamente cruel— por no acatar el patrón mayoritario, la vida se ha suavizado y presenta menos aristas. La dignidad y el derecho ya no están menoscabados, como ocurría antes. Está por ver, sin embargo, si la multiplicación de identidades políticas y politizadas constituye una respuesta a la ansiedad que suscita la nueva situación. Habiendo alcanzado una autonomía inimaginable, incrementada por las sucesivas revoluciones tecnológicas, se extiende la sensación de que cada vez controlamos menos nuestra propia existencia, como si ésta se nos escapara a cada instante y resultara más y más difícil sujetarla a nuestra voluntad y a nuestro proyecto de vida buena.

En lo político, por último, señalemos que la era de las identidades arranca con un momento de ingobernabilidad. Se manifiesta en la dificultad para encontrar acuerdos de fondo que permitan reformas viables, y ésta a su vez refleja la emergencia de la identidad como cuestión central de nuestra época, así como una nueva relación que el triunfo de las identidades instaura entre el Estado y la sociedad.

Algunas respuestas a la era de las identidades, a derecha e izquierda

Tras mostrar los orígenes y rasgos de la era de las identidades, terminemos este capítulo apuntando hacia qué tipo de contestaciones ha recibido su apogeo, tanto en el ámbito de la izquierda como en el del centro o la derecha política.

Por parte de la izquierda hemos de volver seguramente al ya citado Eric Hobsbawm y su iluminadora conferencia sobre ésta y las políticas de la identidad. El historiador británico apuntaba allí algunas críticas que se han vuelto luego clásicas entre aquellos que desean combatir los excesos identitarios desde el mismo espacio político izquierdista en que surgieron y han fructificado. Veamos las tres principales:

- En primer lugar, Hobsbawm insistía machaconamente en que un auténtico izquierdista debería primar lo universal, lo humano, por encima de todas las diferencias que separan a las personas. De hecho, incluso Marx, que privilegiaba a la clase obrera por encima de su rival, la burguesa, lo hacía sólo porque en última instancia pensaba que esa clase trabajadora podía encarnar mejor el ideal humano universal. Las políticas identitarias rompen ese modelo unívoco de un ser humano emancipado, libre, igual a sus semejantes, lo fragmentan en mil y una peculiaridades e ideas de liberación, y, por tanto, Hobsbawm, en el fondo, no entendía que los partidos laboristas o socialistas hubiesen caído presas de este tipo de postsocialismo. En el ámbito español, catalán para más señas, Félix Ovejero ha abundado a menudo en este mismo tipo de crítica.
- En segundo lugar, las identidades poseían un problema que ya hemos apuntado también nosotros: pese a que se presentan como ineludibles, impuestas, como «si al individuo no le quedara absolutamente más opción que la de pertenecer a ese grupo específico»,[11] lo cierto es que su realidad dista de ser ésa. Hobsbawm aportaba múltiples ejemplos de hasta qué punto podemos primar uno u otro aspecto de nuestra heterogénea personalidad para favorecer una u otra de nuestras posibles identidades. Y no dejaba de brindar para ello datos ilustrativos: por ejemplo, que el número de personas que se autoidentificaba como indio nativo estadounidense se cuadruplicó prácticamente entre 1960 y 1990 (de medio millón pasaron a dos millones), sin que ello respondiera a *boom* demográfico alguno. Si las identidades, pues, se presentan en sociedad como

11. Orlando Patterson, «Implications of Ethnic Identification», en Fried, C. *et al.* (eds.), *Minorities: Community and Identity*, Springer Verlag, Berlín, 1983, pp. 25-50.

poco menos que un dato natural, pero poseen más bien rasgos de lo que entendemos como artificial o construido (y aquí, de nuevo, el pensamiento posmoderno podría venir en nuestra ayuda para desconfiar de la era de las identidades), pecan de cierta tentación fraudulenta que hace legítimo sospechar de sus designios sin más.

- Por último, y en este tipo de críticas Hobsbawm se verá acompañado por autores en principio tan diferentes con respecto a él como el también izquierdista Slavoj Žižek, la era de las identidades marca una fragmentación dentro de la izquierda entre grupos cuyos intereses a menudo son contrapuestos (pensemos simplemente en cómo el feminismo y el islamismo presentan evidentes puntos de fricción, pero a su vez éstos son detectables entre el primero y el movimiento LGBTIQ+, por no hablar de los que se dan entre los diferentes grupos representados por las diferentes letras de estas siglas). La unidad de la clase obrera, que tantos esfuerzos le costó al marxismo, se vería pues amenazada por la fragmentación identitaria, y éste era el argumento más pragmático para, siempre según Hobsbawm y una veta importante del pensamiento izquierdista de nuestros días,[12] mostrar escepticismo ante los excesos identitarios.

En cuanto al resto del espectro político (todo lo que queda a la derecha de la izquierda, digamos), podríamos sintetizar en tres las reacciones que han tenido las políticas de la identidad de raigambre marcusiano-multiculturalista. Tres tipos de reacciones que acaso ayuden a explicar también, en el caso de España, la fragmentación actual en —precisamente— tres partidos polí-

12. En España ha adquirido cierto protagonismo reciente un texto como *La trampa de la diversidad*, de Daniel Bernabé, que populariza este tipo de resquemor desde la extrema izquierda hacia la exuberancia de las identidades (aunque, como buen izquierdista, el autor culpe de ella al «neoliberalismo» [*sic*]), ignorando el rol francfortiano fundamental sin el que, como hemos señalado antes, no se entiende el apogeo identitario).

ticos distintos; fragmentación que caracteriza, por primera vez desde 1978, el espacio que va del centro a la derecha.

- La primera respuesta adopta, podríamos decir, la estrategia del espejo con respecto a las políticas identitarias. A menudo es protagonizada por la derecha más contundente: Donald Trump, Viktor Orbán, hasta cierto punto también Marine Le Pen o el partido polaco de Ley y Justicia. Esta derecha acepta plenamente el reto de la era de las identidades y, en vez de combatirla como tal, simplemente opone las identidades tradicionalmente olvidadas (precisamente por su carácter mayoritario) al tipo de identidades minoritarias en que ya Marcuse había cifrado su esperanza de cambio social desde la izquierda. Así, frente a las minorías inmigrantes se reivindica el interés de los connacionales; frente a las minorías religiosas, la mayoría cristiana o laica; frente a las reivindicaciones feministas se intenta atender también al lugar en que quedan los varones; frente a las minorías LGBTIQ+, el heterosexual cisgénero. Naturalmente, este tipo de derecha también propone, en diversos grados, reivindicar la identidad nacional frente a las identidades étnicas más pequeñas presentes en su mismo Estado, lo cual la aboca a menudo a promover cierto nacionalismo centralista con que cree poder combatir al nacionalismo «periférico». En suma, aquí la derecha jugaría con las mismas armas que la izquierda. La pregunta que queda abierta, obviamente, es hasta qué punto al entrar en esa dinámica se traiciona el mensaje propio que un pensamiento genuinamente liberal o conservador (o liberal-conservador) es capaz de ofrecer.
- La segunda estrategia de respuesta a la era de las identidades desde el centroderecha consiste, paradójicamente, en no dar ninguna respuesta. Esto nos permite caracterizarla como una actitud de tipo quietista o nihilista, un poco a la manera en que los médicos vieneses representantes del nihilismo terapéutico, allá por el siglo XIX, pensaban que el mejor modo de curar una enfermedad era no tratarla en

absoluto. En política, este planteamiento suele insistir en que, en el fondo, al votante le importa sobre todo la buena marcha de la economía. Y que, por consiguiente, una buena gestión en este ámbito (siempre que no quede en exceso empañada por alguna que otra contingencia, como la corrupción) debería asegurar a los políticos de este ámbito su reelección. Toda la cuestión de las culturas, las identidades, el reconocimiento, puede resultar más o menos entretenido en las secciones culturales de los periódicos o en el activismo con que uno se entretiene los fines de semana. Ahora bien, en última instancia, *la pela es la pela*, según la expresión coloquial, y bastaría, según este planteamiento que estamos describiendo, atender a la infraestructura económica para triunfar en política. (Es llamativo lo que recuerda esta forma de pensar del centroderecha a cierto marxismo más o menos burdo, por su economicismo.) Ahora bien, permítasenos apuntar por nuestra parte no sólo que cabe dudar de que, en plena era de las identidades, este diagnóstico sobre «lo que verdaderamente importa» a la gente resulte atinado. Yendo incluso más allá, existen abrumadoras pruebas de que los ciudadanos a menudo votan en contra de sus propios intereses (como el estrictamente económico).[13] Por ello acaso no resulte sorprendente que este planteamiento, que pretende seguir haciendo política en la derecha como si nada llamativo hubiera cambiado en las últimas dos o tres décadas, como si en el fondo la era de las identidades no existiera, se encuentre un tanto alicaído en el panorama internacional de nuestros días.

- Por último, la tercera actitud mediante la cual, desde el centro o la derecha políticos, se ha pretendido a menudo lidiar con la era de las identidades cabría describirla como conformista o, recuperando una antigua distinción de Umberto Eco, como «integrada». Este planteamiento acepta

13. Bryan Caplan, *El mito del votante racional. Por qué las democracias eligen malas políticas*, Innisfree, Londres, 2018.

por completo la exuberancia identitaria de nuestros días y simplemente trata de ser aceptado dentro de ella. Así, en lugar de oponerse al feminismo, propone un «feminismo liberal». Ante el auge de las reivindicaciones LGBTIQ+, aspira a unirse a sus desfiles como un modo más de defensa de tales colectivos. Si se exacerban los conflictos nacionalistas, confía en que éstos queden calmados por elevación, cuando todos nos sintamos integrados en entidades mayores (la Unión Europea, un planeta Tierra aunado a modo de Cosmópolis) que nos doten de identidades «mejores» (más ilustradas, más cosmopolitas). Según este modo de ver las cosas, pues, la era de las identidades en realidad sólo necesita ser manejada de la manera correcta: un manejo que evite el conflicto que a menudo implican las políticas identitarias, pero que no cuestione el hincapié en las identidades que hoy se da. Naturalmente, quienes comparten este enfoque a menudo se enfrentan a una realidad para ellos dura: los grupos identitarios con los que pretenden confraternizar exhiben ante los representantes de este centrismo una actitud mucho más hostil que la que éstos reputarían razonable; las feministas no aceptan que el feminismo liberal sea auténtico feminismo; las entidades que organizan los desfiles del Orgullo LGBTIQ+ se inventan alambicados vericuetos para excluirlos; muchos conciudadanos no acaban de entender por qué deberían adoptar nuevas identidades, más «correctas» (europeas, cosmopolitas), cuando no encuentran problema alguno en las otras (nacionales, regionales) que a día de hoy disfrutan. Y es que este planteamiento «integrado» a menudo olvida una simple verdad a la que en páginas anteriores hemos apuntado ya: que la exuberancia identitaria no es un simple fenómeno meteorológico, sino que tiene unos orígenes y propósitos muy concretos, que incluyen la oposición al liberalismo que, desde las filas «integradas», a menudo se intenta en vano compatibilizar con ella.

4

El problema del feminismo en las sociedades liberales: ¿la hipertrofia ideológica?

Guillermo Graíño
Doctor en Filosofía, doctor en Ciencia Política
y profesor de Teoría Política

Introducción

François Poulain de La Barre y John Stuart Mill comienzan sus seminales ensayos sobre la igualdad de los sexos con una advertencia parecida: ambos señalan que están luchando contra una opinión dominante arraigada en factores irracionales. Siendo esto así, solicitan al lector que les conceda la oportunidad de desplegar sus argumentos. La Barre, en el siglo XVII y utilizando un vocabulario que muestra el vínculo entre Descartes y la Ilustración, advierte que debemos «renunciar a los prejuicios para tener conocimientos claros y distintos».[14] Mill, ya en el XIX, también defiende que la dificultad de tratar sobre el papel de la mujer no radica en la falta de claridad del asunto, sino en «el alud de sentimientos contra los que hay que disputar».[15]

Hoy, prejuicio y razón parecen haber intercambiado posiciones. En su situación actual, el feminismo se sigue percibiendo como una teoría crítica que produce un profundo desvelamiento en quienes observan el mundo social con ayuda de sus herramientas interpretativas. La realidad, sin embargo, es que el ma-

14. François Poulain de La Barre, *De l'égalité de deux sexes*, Librairie Arthème Fayard, París, 1984, p. 9.

15. John Stuart Mill, *On Liberty* y *The Subjection of Women*, Penguin Classics, Londres, 2006, p. 133.

yor obstáculo para la deliberación está ahora en su lado. Existe un muro de emoción y rabia que ha dado forma a una convicción profunda sobre la cual resulta cada vez más difícil debatir. En cierto sentido, es algo normal y ocurre con toda creencia que goza de algún tipo de preeminencia pública. No obstante, una diferencia interesante consiste en que esas creencias hoy moralmente preeminentes, aceptadas y asimiladas a menudo de manera tan heterónoma como en otros tiempos, poseen para sus defensores un aura de sofisticación filosófica de la cual carecen unos oponentes guiados por el prejuicio o por el mero interés en mantener una posición privilegiada.

En suma, quien quiera argumentar hoy contra las posiciones maximalistas del feminismo dentro del espacio público se ve en la situación de rogar que sus argumentos sean pesados con ecuanimidad, que no se atribuya su posición a una pura irracionalidad —o, en su defecto, a vileza moral—. Vivimos claramente en sociedades más pluralistas que las que habitaron Mill y La Barre. Existen, no obstante, señales alarmantes. Muchos autores, y desde muy diversas perspectivas, han teorizado sobre las razones por las que el debate público se ha hecho, en general, crecientemente difícil. Hace ya décadas, Christopher Lasch diseccionó el narcisismo de las nuevas generaciones, y Allan Bloom, la corrupción de las universidades. Más recientemente, Mark Lilla, Francis Fukuyama o Jonathan Haidt han elaborado diagnósticos sugerentes.

Lo que nos interesa resaltar ahora es la compleja dinámica que existe en la relación entre derechos fundamentales, opinión pública y pluralismo. Las sociedades liberales acaban absorbiendo, en su opinión, de una manera muy potente las posiciones que se considera que defienden derechos básicos, y condenando al ostracismo las posiciones que se oponen a dichas conquistas. Es una lógica social hasta cierto punto inevitable: el pluralismo real se asienta sobre lo discutible, y cuando los derechos pasan a considerarse fundamentales, ya no se discuten. Por ejemplo, apenas una generación después del incidente de Rosa Parks en el autobús, prácticamente nadie que no estuviera en los márgenes de lo políticamente aceptable consideraría que ella no tuvo derecho a hacer lo que hizo. El problema viene cuando, dentro de sociedades ya plenamente liberales, el radicalismo político presenta sus posiciones más discutibles y maximalistas como perfectamente equivalentes a una defensa irrenunciable de derechos civiles. Esta suerte de recurso, que podríamos denominar *reductio ad Parksum*, dificulta profundamente los debates públicos razonados y reduce el ámbito sobre el cual es posible articular pacíficamente el pluralismo. Así, la creciente interpretación de las cuestiones políticas como cuestiones fundamentales de derechos que deben quedar al margen del debate está en el origen de una preocupante polarización emocional en las sociedades occidentales.

En este sentido, el feminismo radical ha sido ejemplar: ha usado la legitimidad del proyecto original para tratar de inmunizar los postulados más discutibles de una teoría hipertrofiada. Desde su perspectiva, nunca se será demasiado feminista, por la sencilla razón de que el fin último de todo feminismo es la igualdad entre hombres y mujeres, y nunca se puede tener demasiado de eso. Así, se pretende obviar el carácter problemático de, por ejemplo: 1) ¿cómo entender la igualdad? (¿igualdad de oportunidades o de resultados?); 2) ¿qué es legítimo sacrificar para conseguir ese fin?, y 3) y teniendo en cuenta las respuestas a las dos anteriores preguntas, ¿cómo implementar efectivamente esa igualdad? La complejidad real de estas cuestiones queda, pues, disuelta en una exigencia de apoyar cualquier posición que venga de quien reclama el respeto a un derecho fundamental y de quien ostenta la titularidad heredada de la noble etiqueta.

A esta tendencia se suma otro factor que contribuye a hacer del feminismo actual una ideología particularmente densa. Puesto que la violencia, los abusos o las situaciones de inferioridad que sufren las mujeres son considerados una consecuencia directa de algo parecido a una *estructura de opinión*, entonces aquellos que no contribuyen a derribar esta estructura o que directamente forman parte de ella se convierten en cómplices de los peores crímenes. En suma, las opiniones no feministas son indirecta o directamente culpables, porque esa representación particular del mundo (aquella en la que la mujer ocupa un lugar subalterno) es la responsable de la intolerable situación en la que nos hallamos. Así, el debate o el análisis deben ser sustituidos por la exigencia de adhesión para sustituir esa estructura de opinión patriarcal por una forma de pensar emancipadora.

La cuestión es, entonces, que este tipo de feminismo quiere hacer que la condena moral de los peores crímenes sea indistinguible de la adhesión a su propio diagnóstico —perfectamente discutible— de por qué esos crímenes suceden. Así, desde esta perspectiva, la negación de la teoría feminista más radical se hace solidaria de la aceptación del crimen y el pluralismo queda anulado en nombre de la defensa de los derechos más fundamentales. De esta forma, una teoría realmente radical consigue subrepticiamente una adhesión masiva, instituyéndose en algo cada vez más parecido a un culto político.

Historia, derechos y sufrimiento

La irrupción de los derechos en la historia de la humanidad puede ser considerada idealmente de dos formas opuestas: como un proceso lento que sólo ha sido posible al irse superando penosamente unas condiciones de las que no somos —al menos completamente— responsables y como una conquista de los más débiles contra el abuso deliberado e inútil de los más fuertes.

Desde esta última posición, Richard Rorty[16] retoma una atractiva formulación que Judith Shklar dio de lo que significa

16. Rorty es, en nuestra opinión, incoherente al respecto. Lo incluimos en esta categoría (que probablemente él no aceptaría) para la cuestión precisa del feminismo porque a menudo reduce la relación de los sexos a un simple abuso del más fuerte. También porque las «condiciones exteriores» no serían para él una realidad absoluta a la que los humanos sólo nos hayamos podido adaptar de una sola manera. No obstante, Rorty insiste contra Kant en que no debemos divorciar la moral de la historia. «Para nosotros pragmatistas, la lucha moral está en continuidad con la lucha por la existencia»; «[la historia y la biología] nos enseñan que el desarrollo de las sociedades que se gobiernan por leyes en lugar de por hombres fue un logro lento, tardío, frágil, contingente y evolutivo». Richard Rorty, *Philosophy and Social Hope*, Penguin Books, Londres, 1999, pp. XXIX-XXXI.

ser liberal, a saber: considerar que la crueldad es el *summum malum*. Así, el objetivo fundamental de nuestras sociedades debería ser la reducción máxima de la crueldad, haciendo «que la humillación de seres humanos por obra de otros seres humanos cese».[17] Un problema inmediato de esta formulación es lo que indirectamente dice de quienes no son liberales, de la misma forma que, como decíamos antes, se caracteriza a quien no es feminista: «Favorece la idea de que los liberales tienen ideas correctas y sus oponentes son moralmente insensibles. Ayuda a crear el clima de opinión en el que se hace difícil criticar al liberalismo».[18]

Para Shklar, la crueldad consiste en «infligir voluntariamente daño físico a un ser más débil para causarle angustia o miedo».[19] Esta definición tiene muchos elementos problemáticos, pero hay uno que resuena profundamente en los debates actuales: la idea de que quien sea el agente y quien sea el receptor determina la calidad moral de una acción (en este caso, la crueldad es necesariamente una acción de alguien más fuerte sobre alguien más débil). Rorty insiste en la idea de que el progreso moral está relacionado con nuestra capacidad para dejar de comportarnos como *bullies*, incluyendo cada vez a más gente dentro de la categoría del «nosotros». Así, el feminismo encaja perfectamente como la extensión a otro ámbito más, de hecho, el más fundamental, de la lucha contra los comportamientos abusivos. Para Rorty, la dominación del varón tiene que ver con el hecho contingente de que «la gente con músculos ligeramente más grandes ha estado abusando de la gente con músculos ligeramente más pequeños por mucho tiempo».[20]

Esta idea de la historia de la humanidad como una historia

17. Richard Rorty, *Contingencia, ironía y solidaridad*, Paidós, Barcelona, 1991, p. 17.

18. John Kekes, «Cruelty and Liberalism», *Ethics*, 106, 4 (1996), pp. 834-844, p. 835.

19. Judith N. Shklar, *Ordinary Vices*, Harvard University Press, Cambridge, MA, 1985, p. 8, citado en John Kekes, *op. cit.*, p. 836.

20. Richard Rorty, «Feminism, Ideology and Deconstruction: A Pragmatist View», en Slavoj Zizek, *Mapping Ideology*, Verso, Londres, 1994, p. 233.

de creciente sensibilidad moral[21] no puede ser desechada sin más. Existe sin duda una tendencia general, aunque no haya sido lineal, hacia la percepción de la crueldad como algo intolerable. Esta repugnancia, sin embargo, ha traído aparejada una perspectiva profundamente idealista y moralista de la historia, a menudo insuficiente y anacrónica. Como decíamos, se entiende la historia como una lucha interna entre los humanos, donde las dominaciones arbitrarias y contingentes son la variable explicativa más importante. La cuestión es, sin embargo, que ni los humanos, ni nadie, hemos podido sobrevivir desarrollando meras arbitrariedades. Las dinámicas internas han venido en gran parte condicionadas por una lucha fundamental y cruel, no entre los humanos, sino contra las condiciones exteriores. Perder de vista que el progreso moral ha dependido, al menos en gran medida, de nuestra lucha como especie y que la moralización de las relaciones humanas ha estado condicionada por nuestra emancipación de las condiciones naturales es sencillamente juzgar desde nuestra confortable óptica.

En este sentido, la izquierda actual ha tendido a considerar que el progreso moral se ha desarrollado en función de la creciente *consciencia* que los individuos tienen sobre el sufrimiento en el mundo (como variable independiente). En inglés se dice que alguien tiene *awareness* o es *woke* para referirse a ese tipo de persona que ha asumido la responsabilidad de que ningún sufrimiento o comportamiento abusivo del mundo le sea ajeno. El problema es que esa misma persona, al hacerse supuestamente partícipe o consciente del sufrimiento actual, ha desarrollado al mismo tiempo un tipo profundo de inconsciencia o ignorancia histórica, *civilizacional* si se quiere. En su idealismo, los habitantes de tiempos pasados (y también los representantes de los pensamientos del pasado en la actualidad), con sus ideas

21. Es importante hacer notar que, sin embargo, para Rorty la creciente sensibilidad moral no tiene que ver con una visión de la realidad más penetrante: «Nosotros, los decentes y humanitarios liberales, somos simplemente más afortunados, y no más perspicaces, que los *bullies* contra los que luchamos» (Rorty, *Philosophy and Social Hope*, p. 15).

absurdas, se le aparecen como extraños realmente incomprensibles. Dice Alain a propósito de Auguste Comte que: «Lejos de extrañarse de que las sociedades hayan vivido tanto tiempo bajo leyes tan diferentes a las nuestras, habría que extrañarse de que hayan podido cambiar, si las propias necesidades de población y de subsistencia no hubiesen conducido al régimen militar conquistador que terminó con las castas y unificó la educación, sin poder cambiar, no obstante, el régimen de la maternidad ni el de la primera infancia».[22] No se trata, pues, de estructuras creadas artificial y malintencionadamente, sino de un proceso gradual e inconsciente, cuyas condiciones de partida —y límites— no han sido inventados por nosotros.

Para el individuo de hoy, obviamente, esto resulta muy difícil de aceptar. La historia en su conjunto resulta muy difícil de aceptar. Pero la extrañeza moral no debe ser un impedimento para comprender las razones profundas de los fenómenos sociales. «La ideología feminista —dice Camille Paglia— nunca ha tratado honestamente con el papel de la madre en la vida humana. Presentar la historia como opresión masculina y padecimiento femenino es una burda distorsión de los hechos. Hubo una división racional del trabajo desde el período del cazador y recolector que no tiene su origen en el deseo del hombre de subyugar y encarcelar, sino en la carga reproductiva que la naturaleza ha depositado en las mujeres.»[23]

Para el feminismo actual más radical, en cualquier caso, todo esto no son sino excusas. Aquellos para los que el mundo es y ha sido en realidad más flexible siempre consideran que presentar como necesarias las realidades sociales es sólo una estrategia de defensa. Rorty, por ejemplo, entiende que el progreso pasa por pensar como contingente aquello que era considerado inamovible, ampliando así el círculo de lo imaginable. «Sólo si alguien tiene un sueño, y una voz para describir ese sueño, en-

22. Alain, Émile Chartier, *Idées. Introduction a la philosophie*, Paul Hartmann, París, 1939, pp. 356-357.

23. Camille Paglia, *Free Women, Free Men. Sex, Gender, Feminism*, Canongate Books Ltd., Edimburgo, 2018, p. 133.

tonces lo que parecía naturaleza empieza a parecer cultura, lo que parecía destino empieza a parecer una abominación moral.»[24] Precisamente, antes decíamos que el padre del neopragmatimo estadounidense reducía casi todo al hecho contingente de que los hombres son normalmente más musculosos. La feminista Catherine MacKinnon también destaca la enorme monotonía de la historia para las relaciones entre hombre y mujer, siempre ajenas a los cambios y progresos en los demás ámbitos: «Detrás de todas esas colinas y valles, flujos y reflujos, existe una roca firme, esa marea que no cambia, a saber, la supremacía de los hombres y la subyugación de las mujeres».[25] Es curioso que otros autores hayan considerado, al contrario, que el mejor termómetro moral para medir la diferencia entre las sociedades es, precisamente, la situación de la mujer.[26]

En realidad, el simple hecho de la superioridad muscular —presentado como algo banal por Rorty— unido a la maternidad, ¿no justifican por sí solos una primera determinación fisiológica fundamental de la división del trabajo? Existe una cierta tensión en mantener simultáneamente que un fenómeno se ha dado casi universalmente, y, al mismo tiempo, que ese fenómeno que atraviesa la historia y las culturas es una arbitrariedad absurda. La historia humana es esencialmente algo más que una conspiración de los fuertes en un patio de colegio. La cuestión

24. Richard Rorty, «Feminism and Pragmatism», *Radical Philosophy*, 59 (1991), p. 3.

25. Catherine MacKinnon, «Does Sexuality Have a History?», *Michigan Quarterly Review*, 30 (1991), p. 6, citado en la nota al pie número 5 de Richard Rorty, «Feminism, Ideology and Deconstruction: A Pragmatist View», en Slavoj Zizek, *Mapping Ideology*, Verso, Londres, 1994, p. 233.

26. Herbert Spencer, por ejemplo, dice lo siguiente: «Quizá de ninguna otra forma se muestra el progreso moral de la humanidad de forma más clara que al comparar la posición de las mujeres entre los salvajes con su posición entre los más avanzados de los civilizados. En un extremo, su tratamiento es cruel hasta el límite de lo sufrible; en el otro extremo del tratamiento, ellas poseen, en algunos sentidos, precedencia sobre los hombres». Herbert Spencer, *The Principles of Sociology*, vol. I, D. Appleton and Company, Nueva York, 1898, p. 725 (parte III, capítulo 10, § 324).

moralmente relevante es, en nuestra opinión, determinar hasta qué punto la humanidad ha sido rápida o no transformando en inclusión el espacio conquistado a la necesidad. En este sentido, sería ingenuo sostener que la humanidad ha aprovechado cada palmo de emancipación respecto a la naturaleza para igualar sus condiciones o que no han existido instituciones irracionales e injustificables. También sería injusto no atender a la forma en la cual la historia ha sido realmente experimentada y sufrida en las conciencias individuales. Con todo, resulta crucial para dirimir este tipo de cuestiones ser también conscientes de que nos queda una enorme zona de sombra si no entendemos que el progreso ha sido dependiente de una lucha coordinada contra las condiciones externas. Y que, en esa lucha, la masculinidad no sólo ha representado el brutal e inútil abuso del más fuerte.

Liberalismo, civilización y naturaleza

A pesar de la supuesta antipatía de algunos radicales de hoy hacia el liberalismo, existe entre ambos un parentesco indudable. La idea de que toda imposición de la sociedad al individuo ha sido injusta es heredera de una interpretación que considera que los únicos vínculos sociales y políticos legítimos son aquellos que se construyen sobre el consentimiento. Así, la historia de los últimos siglos puede ser entendida como una reversión progresiva del sentido de la obligación: de la sociedad exigiendo al individuo, al individuo exigiendo a la sociedad.[27] En último

27. Con todo, este nuevo individualismo viene paradójicamente mediado por la pertenencia a los grupos. Así, la reconstrucción de las relaciones humanas choca con una enorme dificultad añadida: la *awareness* profunda y real del sufrimiento de los otros es imposible de alcanzar. La nueva izquierda ha descompuesto la experiencia humana en *vivencias* inconmensurables. Dependiendo de la pertenencia a un grupo u otro, el individuo tiene una *experiencia vivida* cuyo punto de vista es un garante de infalibilidad epistemológica. Mark Lilla, en su reciente *The Once and Future Liberal: After Identity Politics*, identifica esta tendencia con un resurgir de la mentalidad romántica, siempre buscando, con ingenuidad, armonizar la fricción entre el mundo y el yo. «El romántico quiere

término, el feminismo podría interpretarse como una defensa de la aplicación *real* del principio espiritual que gobierna las sociedades modernas.[28] El pionero trabajo de John Stuart Mill pivota, precisamente, sobre una idea similar: sólo tenemos que ser coherentes con los principios ya establecidos de las sociedades liberales —donde todas las posiciones menos la de rey están abiertas a todos los varones— para ser feministas. Mill lo ilumina con esta gran analogía:

> Así pues, la subordinación social de las mujeres aparece como un hecho aislado en las instituciones sociales modernas; una infracción solitaria de la ley que se ha convertido en fundamental; una reliquia única de un mundo antiguo [...], pero restringida en la cosa de más universal interés; como si un gigantesco dolmen, o un enorme templo de Júpiter, ocupase el lugar de [la catedral de] St. Paul y recibiese culto diariamente, mientras que sólo se recurriese a las iglesias cristianas de los alrededores para fastos y festivales.[29]

En este sentido, el feminismo buscaría el despliegue definitivo de una lógica que había quedado inhibida precisamente cuando se trataba del hecho más fundamental —la relación entre los sexos—. O, dicho de otro modo: la pervivencia social de unos principios derrotados en el ámbito de la organización política probaba la superficialidad con la que en realidad se había

---

crear un mundo en el que él o ella posea una identidad plenamente integrada y sin conflictos.» La consecuencia es, simplemente, la irracionalidad.

Esta perspectiva no es la del pluralismo democrático, en la cual la sociedad aparece, sí, desagregada en diversos intereses, pero legítimos y susceptibles de ser canalizados institucionalmente. Tampoco es el discurso del populismo, pues éste requiere de una narrativa común para un pueblo identificado con la mayoría olvidada de la sociedad. Se trata más bien de una suerte de Antiguo Régimen invertido en el cual las víctimas o descendientes de víctimas son una nueva nobleza, donde un nuevo sistema de desigualdad de estatus (e incluso a menudo legal) queda justificado como la única forma de conseguir la reparación y la igualdad.

28. *Cfr.*, por ejemplo, Pierre Manent, *Cours familier de philosophie politique*, Librairie Arthème Fayard, París, 2001, pp. 236-240.

29. Mill, *op. cit.*, p. 153.

adoptado, todavía en las sociedades modernas, el principio del consentimiento.

De hecho, el feminismo ha insistido posteriormente en que la dominación es más profunda de lo que muestran los códigos legales o el sufragio; que existe un ámbito cotidiano, social, cultural, donde la desigualdad sobrevive oculta en la costumbre, en un plano de la realidad que, sin la ayuda del feminismo, pasa desapercibido —en el patriarcado, en suma—. La familia, el entorno doméstico, las relaciones a pequeña escala son vistos entonces como esferas donde existe una dominación análoga a la del poder político, y que requiere de otro proceso emancipador. Esta interpretación cada vez más política de las relaciones interpersonales, y que hoy ha llegado a su máxima intensidad, introduce el conflicto ideológico en el plano más íntimo de las relaciones humanas.

Precisamente se trata del plano más problemático por ser el más íntimo. En la introducción de *Le deuxième sexe*, Simone de Beauvoir comienza señalando la dificultad de la mujer para convertirse en sujeto político, al contrario de lo que ocurre con naciones, religiones, razas o clases sociales: «[las mujeres] viven dispersas entre los hombres, ligadas más estrechamente a algunos hombres —padre o marido— por la condición social, que a las otras mujeres».[30] En ese sentido, la distinción entre hombre y mujer es completamente transversal a cualquier otra identificación. Por ejemplo, una conciencia nacional herida o inflamada puede tener alguna consecuencia positiva como el reforzamiento de los vínculos sociales. En cambio, el conflicto entre los sexos es el desintegrador más íntimo (padres e hijas o madres e hijos se hallan en distintos campos). Para el feminismo radical, esto no supone un problema. Su labor es la de deconstruir todas las estructuras, para después reconstruir el tejido social, desde su base, con la creación de planos no jerárquicos donde las relaciones podrán ser más sinceras y reales.

El problema es que los intentos de crear una sociabilidad alternativa en el plano más íntimo no parecen tener la efectividad de la acción política en planos superiores. Intentar reconstruir

30. Simone de Beauvoir, *Le deuxième sexe, I*, Gallimard, París, 1976, p. 21.

de manera consciente e ideológica un vínculo social próximo a menudo genera una gran artificiosidad en relaciones que sólo cambian superficialmente en el sentido deseado. Dice D. H. Lawrence, a quien precisamente Beauvoir dedicó un capítulo de *Le deuxième sexe*, que: «La relación entre hombre y mujer es el hecho central de la vida humana real», en el cual existe «un espectro infinito de comunicación sutil de la que no sabemos nada». Por eso, «*deliberadamente*, no podemos hacer gran cosa con una conexión humana, excepto destrozarla».[31] Pierre Manent, desde una óptica un tanto diferente, lo dice así:

> ¿Qué movimiento sincero del alma, en el aspecto de la vida que sea, será posible cuando, con la extensión de los derechos, se amplíe sin cesar el ámbito que reclama a cada instante una autorización explícita acompañada de una «garantía de igualdad»? Una tal sociedad debe conducir una batalla incesante contra el «sentido común» donde los mil siglos de experiencia humana han depositado, «naturalizándolas» de una forma u otra, las referencias de la vida humana.[32]

Para Harvey C. Mansfield —autor del polémico y brillante *Manliness*—, la solución pasa por mantener la distinción liberal entre lo público y lo privado. Nuestras sociedades «en público deben ser *gender-neutral*, en privado no. [...] En público no deben permitir que los estereotipos sexuales tengan vigencia; en privado deben reconocer que son verdad. Verdad como generalidades, no en cada caso».[33] La lógica de la abstracción, necesaria para la imparcialidad en el reconocimiento de la igualdad de derechos, hace que los individuos en la vida privada sean considerados también como esas entidades políticas ajenas a las distinciones.

Así, como decimos, la aproximación maximalista del feminismo al cambio de las relaciones existentes lleva al límite el

31. D. H. Lawrence, *Late Essays and Articles* (editado por James T. Boulton), Cambridge University Press, Cambridge, 2004, pp. 299-302.

32. Pierre Manent, *La loi naturelle et les droits de l'homme*, PUF, París, p. 14.

33. Harvey C. Mansfield, *Manliness*, Yale University Press, New Haven, p. 241.

problema de la intervención política sobre las realidades sociales más íntimas. A pesar de sus lamentos, el feminismo actual es hoy una doctrina aceptada y patrocinada por el *establishment*, con enormes recursos políticos a su disposición y un lugar indudablemente privilegiado en el espacio público. Su lucha, en este sentido, no es una lucha contra la política. Es una lucha *de* la política contra la sociedad realmente existente; es la causa de quien, con el apoyo de las instituciones, trata de corregir conscientemente el origen moralmente viciado de la mayoría de las relaciones humanas (que una parte importante de la sociedad se empeña en aceptar y prolongar). Así, mientras que, al contrario, los progresos liberales tuvieron en su origen la voluntad de proteger a la sociedad del poder político arbitrario, la intromisión de este tipo de perfeccionismo ha hecho que el poder tenga la misión de educar a la sociedad.

Paglia insiste en el carácter peligroso de esta deriva: «Es estúpido pensar que se puede conseguir un cambio en la psicología humana o en las relaciones sexuales a través de la legislación y la regulación, es decir, a través de la intrusión autoritaria en la vida privada».[34] «La igualdad política sólo tendrá éxito en términos políticos. Es impotente contra lo arquetípico. Mata la imaginación, lobotomiza el cerebro, castra y opera: entonces los sexos serán lo mismo.»[35] En ese sentido, el feminismo radical actual encarna la cara más maximalista del pensamiento ideológico: una voluntad de reforma profunda e íntima de la vida humana.

Mill (hasta donde históricamente pudo ver) entendió este proceso de la manera contraria: la acción en este caso es liberadora, no autoritaria. La supuesta espontaneidad de las relaciones sociales es sólo la cristalización de una relación dictada por la ley del más fuerte. Antes comentábamos que, en nuestra opinión, los *Social Justice Warriors* de hoy han perdido una suerte de consciencia histórica o civilizacional. Para Mill, de nuevo, ocurre lo contrario: sus contemporáneos, piensa, han perdido la perspectiva de hasta qué punto la ley del más fuerte ha dominado las

34. Paglia, *op. cit.*, p. 134.
35. Paglia, *op. cit.*, p. 34.

relaciones humanas y, por tanto, está en el origen oculto de tantas costumbres.[36] Así, el progreso en la historia sería algo parecido a la extensión de los ámbitos en los que esa ley del más fuerte deja de aplicarse. Las relaciones de fuerza cristalizan en la ley y la costumbre, y pueden ser revertidas cuando dichas relaciones de fuerza cambian. El problema es que las mujeres han seguido siendo más débiles físicamente que los hombres, en un desequilibro de fuerzas invariable a lo largo de la historia. Precisamente por eso, su sujeción estaba destinada a ser la última en desaparecer.[37] Para Mill, en cualquier caso, la historia ha demostrado la gran flexibilidad de la humanidad: la lucha por la igualdad —y no la presunción de la superioridad de lo establecido— ha constituido el motor del progreso que ha ayudado a «regenerar la naturaleza humana», emancipándola de la ley del más fuerte.

Nos encontramos de nuevo, en suma, ante dos perspectivas opuestas sobre la historia: por un lado, Mill pone el acento, como Rorty, en una lucha interna dominada por la ley del más fuerte. A esta visión nosotros contraponíamos otra que entiende en términos generales la historia de la humanidad como una lucha contra los factores externos (por supuesto, en este sentido la competencia o el poder dentro de la especie existen, pero deben ser entendidos en función de una lucha contra el exterior). Así, pues, la cuestión del patriarcado está atravesada por esta cuestión fundamental: ¿qué ha supuesto el proceso histórico de civilización? ¿Una sofisticación de la dominación o un lento y penoso proceso de control e inhibición de las inclinaciones naturales? Probablemente, ambas posiciones tengan razones de peso, pero los matices en la respuesta decidirán si los esfuerzos del feminismo contemporáneo abren el camino a una nueva realidad o si, por el contrario, están tratando de horadar allí donde las sociedades liberales han encontrado el límite a la flexibilidad humana.

Mill ya avanzó, en su caso contra quienes defendían las desigualdades naturales, que «el más profundo conocimiento de las leyes de la formación del carácter es indispensable para otorgar

36. *Cfr.* Mill, *op. cit.*, pp. 139-142.
37. *Cfr.* Mill, *op. cit.*, pp. 139-149.

a alguien el derecho de afirmar que existe alguna diferencia —mucho más para determinar cuál sea esa diferencia».[38] Precisamente por este motivo, la nueva reacción intelectual contra el feminismo contemporáneo está inspirada en gran parte en disciplinas como la psicología evolutiva o la psicología social[39] (Jordan B. Peterson, la propia Camille Paglia, Steven Pinker o el grupo de autores que rodea a la revista *Quillette*). Esto es así porque el gran flanco débil del feminismo contemporáneo es atribuir a la dominación cultural de un discurso lo que en realidad resulta muy difícil desligar de la propia naturaleza, mientras se cree que son naturales, o al menos espontáneos, comportamientos que en realidad representan un progreso civilizatorio frente a la naturaleza. Siendo el sexo entre humanos, por ejemplo, una complejísima intersección de naturaleza y cultura, Camille Paglia defiende que «el violador es un hombre no socializado en exceso, sino con demasiada poca socialización». «La sociedad es la protección de la mujer contra la violación, no su causa, como mantienen absurdamente algunas feministas.»[40]

El ejemplo escandinavo es entonces utilizado a menudo por aquellos que defienden que la verdadera espontaneidad sin barreras hace la distribución de roles más deseable. Ante una ma-

38. Mill, *op. cit.*, pp. 156-157.

39. Para Harvey C. Mansfield, autor del controvertido *Manliness*, la ayuda de las ciencias sólo puede ser muy limitada. «En conjunto, sin embargo —dice Mansfield—, soy bastante crítico con la comprensión que la psicología social y la biología evolutiva tienen de la virilidad. Estas ciencias ven a la virilidad en lo más bajo, como la agresión, y no logran considerar el fenómeno de la asertividad viril. [...] Estas ciencias, y la ciencia en general, están incómodas ante la presencia de las grandes cuestiones humanamente importantes, como ésta. Se trata de una grave limitación para el estudio de la hombría que no puedo aceptar.» Harvey C. Mansfield, *op. cit.*, pp. X-XI. Con todo, sigue teniendo una cierta utilidad: «Quizá no esté usted de acuerdo con lo que acabo de decirle de Platón y Aristóteles, y preferiría más bien la naturaleza pura y no adulterada en la forma de la ciencia moderna. En ese caso, considere la evidencia que de la virilidad dan la psicología social y la biología evolutiva, que muestran todo lo que pueden que los estereotipos acerca de los hombres y las mujeres son fundamentalmente correctos». Ibíd., p. 229.

40. Paglia, *op. cit.*, pp. 34-35.

yor libertad de oportunidades, las diferencias de ocupación o de preferencias vitales entre sexos no parecen disminuir, sino aumentar. Según estos autores, ésa es la libertad que producirá una forma de relación, movible, variable, que no se impone a los particulares, pero que tampoco tiene la necesidad de violentar las posibles inclinaciones que, como tendencia, parecen mostrar obstinadamente los sexos.

Conclusión

Dice Richard Rorty que el feminismo se parece más a los movimientos abolicionistas del siglo XVIII que al comunismo del siglo XIX, precisamente en el hecho de que representa un movimiento políticamente reformista y no revolucionario: «Sus metas políticas son razonablemente concretas y no parecen difíciles de alcanzar; estas metas se defienden recurriendo a extendidas intuiciones morales sobre la equidad».[41] Con todo, los pequeños avances conseguidos a través de las reformas son en el fondo insatisfactorios, y el feminismo requiere de amplias *revoluciones en la consciencia*. Nuestra opinión acerca del feminismo en la actualidad es la contraria a la de Rorty, en tanto que consideramos que ha dejado de ser una suerte de movimiento abolicionista que busca el reconocimiento de unos derechos civiles basándose en intuiciones morales, para convertirse en algo mucho más parecido a una ideología maximalista. La difícil satisfacción de sus *revoluciones de la consciencia* en el mundo real, revoluciones que se enfrentan a realidades más duras que a meros prejuicios fruto del adoctrinamiento, está creando una

41. Richard Rorty, «Feminism, Ideology and Deconstruction: A Pragmatist View», en Slavoj Zizek, *Mapping Ideology*, Verso, Londres, 1994, p. 228. Hay que señalar, no obstante, que en algunos aspectos, el feminismo de Richard Rorty no es un representante perfecto de lo que aquí hemos llamado feminismo radical. Su teoría del progreso moral nos ha servido para iluminar una forma de entender la historia, pero su pragmatismo lo alejaría de aquellas lecturas feministas para las cuales el feminismo debe restaurar la verdad ante el relato construido patriarcal.

nueva tensión política en un nivel profundo de las relaciones humanas.

Una idea importante en el pensamiento más duro de la izquierda hoy es que no existe algo así como una visión no ideológica de las realidades sociales, que, sencillamente, lo que ocurre es que hay individuos que asumen una ideología sin ser conscientes de ello. En nuestra opinión, esto no es cierto, y el feminismo actual representa un caso de densidad ideológica que no está presente en muchos de los que hoy se oponen a él. Un pensamiento más ideológico es más predecible, tiene una visión sobre todas las cuestiones más compacta y preestablecida, es menos proclive a la discusión o a la duda, y, en suma, hace de un determinado asunto la clave para interpretar todas las realidades humanas. El feminismo actual presenta buena parte de estas características.

En este sentido, se hace imperativo recuperar una percepción más equilibrada y creíble para no convertir la cuestión feminista en una cuestión que divida a la sociedad. En la nueva escala de valores que se está creando, muchos principios fundamentales de las sociedades occidentales (libertad de expresión, presunción de inocencia, igualdad de oportunidades, etc.) parecen dispuestos a ser sacrificados o modificados para encumbrar un nuevo principio muy por encima de los demás. La defensa de esa nueva escala de valores no se hace, insistimos, desde una lógica abolicionista basada en una intuición moral acerca de la equidad, sino desde una perspectiva ideológica o chauvinista en el sentido más profundo.

Corremos el riesgo de que ocurra lo que Mill describió en su gran analogía: adorar diariamente un dolmen y dejar nuestras conquistas morales para celebraciones menores.

5

Internet, de esperanza para la libertad a amenaza para la democracia

David Barrancos
Asesor internacional

Decía Niels Bohr que hacer predicciones es muy difícil, especialmente del futuro. Resulta todavía más complicado cuando hablamos del futuro de la tecnología. Las hemerotecas acumulan incontables desatinos a la hora de anticipar los adelantos tecnológicos y su impacto en la sociedad. Algunas predicciones, la mayoría, se exceden en su entusiasmo, e imaginan ciudades atestadas de coches voladores y robots omnipresentes. Otras apenas llegan a sospechar la capacidad transformadora de ciertos inventos.

Éste es el caso de Thomas Watson Jr., el presidente de IBM, quien en 1943 llegó a afirmar que «en todo el mundo hay mercado para unos cinco ordenadores». Afortunadamente, sobre todo para su compañía, su pronóstico no pudo haber sido más equivocado.

En un desacierto todavía mayor incurrió Paul Krugman, el célebre Nobel de Economía, cuando auguró en 1998 que «el crecimiento de internet se frenará drásticamente» porque «la mayoría de gente no tiene nada que decirse». Pensaba Krugman que «hacia 2005 será evidente que el impacto de internet en la economía no habrá sido mayor que el del fax».[42] Un mero vistazo a la lista de empresas multinacionales con mayor capitalización de mercado es suficiente para comprobar la dimensión de su error.

42. <http://web.archive.org/web/19980610100009/www.redherring.com/mag/issue55/economics.html>.

Pero si hemos de señalar un vaticinio errado sobre el futuro de internet, tenemos que mencionar necesariamente a Bill Clinton. En el año 2000, el presidente Clinton expuso su visión sobre el futuro de la democracia en China en un discurso para la School of Advanced International Studies de la Johns Hopkins University:

> En el nuevo siglo, la libertad se difundirá por teléfono móvil y módem. Sabemos cuánto ha cambiado internet a Estados Unidos. Imaginad cuánto podría cambiar a China. [El régimen de Pekín] ha estado tratando de acabar con internet; pues buena suerte. Eso es como intentar clavar una gelatina en la pared.[43]

El pronóstico de Clinton no pudo haber sido más desacertado. Lejos de haber importado el modelo democrático occidental gracias a la banda ancha, China se ha convertido desde entonces en el ejemplo por antonomasia del control del ciberespacio para la supervivencia y la consolidación de un sistema *iliberal*.

Pero aquéllos eran los años del fin de la historia, apenas una década tras la descomposición de la Unión Soviética. Los años en los que Occidente pensaba que la ola de democratización de Europa del Este acabaría por convertirse en un tsunami de libertad que pondría fin a las vetustas dictaduras socialistas de medio mundo.

Este optimismo liberal se sumó a la mentalidad ciberutópica de los pioneros de internet. Aquellos científicos y emprendedores digitales estaban convencidos de que internet era una tecnología inherentemente liberal y emancipadora. Internet facilitaba el acceso a la información, promovía la transmisión de ideas y de valores, conectaba y movilizaba a ciudadanos, dinamizaba a la sociedad civil, incrementaba la transparencia de los poderes públicos... Gracias a internet, las sociedades progresarían y se liberarían exponencialmente más rápido, porque ya no sólo caminá-

43. <https://archive.nytimes.com/www.nytimes.com/library/world/asia/030900clinton-china-text.html>.

bamos a hombros de gigantes, sino también de la mano de millones de personas igualmente comprometidas con la libertad en todo el mundo.

Internet iba a ser la autopista necesaria para el avance de la libertad en las dictaduras y su progreso en las democracias liberales.

Para algunos movimientos políticos, la universalización de internet permitiría superar la democracia liberal representativa. Gracias a internet, los ciudadanos no necesitarían delegar su voto, sino que podrían ejercerlo directamente. El Parlamento sería reemplazado por un foro en línea, y la democracia sería más participativa y pura.

Ésa es la propuesta que promovió el ideólogo del Movimiento Cinco Estrellas, Gianroberto Casaleggio, cristalizada en la aplicación «Rousseau», al tiempo foro de debate, herramienta de orientación política del partido y plataforma para sus primarias. Otros partidos antisistema como Unidas Podemos replicaron esta idea con la denominada «Plaza Podemos».

Sin embargo, la escasa participación de los militantes, las frecuentes sospechas de fraude y manipulación electoral, y los indisimulados esfuerzos por marcar la orientación del voto por parte de los líderes del partido han demostrado que la democracia directa digital no puede, al menos por el momento, reemplazar a los Parlamentos. Las plataformas participativas digitales no han logrado ser nada más que un vistoso maquillaje para camuflar con innovación el más rancio cesarismo.

Las dictaduras que todavía sobrevivían, por otro lado, serían derribadas por el impacto de internet. Para Clinton, las revoluciones modernas serían necesariamente revoluciones digitales. Pero ésta era una idea compartida por gran parte del espectro ideológico. Jim Courter, congresista republicano, también llegó a afirmar en 2000 que:

> Internet [...] ha hecho mucho para llevar el capitalismo democrático a otras partes del mundo. Creo que fue instrumental para derribar el Muro de Berlín. Fue instrumental para que los estudiantes protestaran por las políticas de Berlín Este. [...] Instru-

> mental en la desaparición de la antigua Unión Soviética. Y pensamos que lo mismo debería pasar en Cuba.[44]

Es evidente que el papel de internet en la caída de la Unión Soviética fue, en el mejor de los casos, marginal. Pero los ciberutópicos necesitaban que la realidad encajara en su relato.

Algo similar ocurrió tras el estallido de las primaveras árabes. Cientos de medios de comunicación y analistas internacionales concluyeron precipitadamente que las redes sociales habían sido el factor determinante que prendió la mecha de la revolución. Según esa narrativa, Facebook y Twitter habían servido de escaparate de la democracia occidental ante las sociedades de Oriente Medio, y se habían convertido en la plataforma de comunicación de los defensores de la libertad en los países que sufrían regímenes dictatoriales. «La revolución será tuiteada», llegaron a titular entonces.[45] Las Blackberries se habían convertido en los nuevos Kalashnikov, y Mark Zuckerberg en el héroe de la revolución.

Es cierto que las redes sociales desempeñaron un papel reseñable en algunas de las primaveras árabes, pero su impacto era mayor para canalizar el apoyo de Occidente y de las diásporas que para movilizar a la acción sobre el terreno —especialmente cuando la ratio de penetración de las redes sociales en estos países apenas superaba el 10 por ciento de la población en el mejor de los casos.

Internet, por tanto, no fue el origen de las primaveras árabes, como tampoco fue la invención de la guillotina el motivo del estallido de la Revolución francesa. La tecnología es inicialmente neutral, no tiene ideología. Sus consecuencias siempre dependerán de la ideología de quien la use. Y esto es algo que los enemigos de la libertad han tenido siempre muy claro.

44. S. Kalathil y T. C. Boas, *Open Networks, Closed Regimes: The Impact of the Internet on Authoritarian Rule*, Carnegie Endowment for International Peace, 2010.

45. <https://foreignpolicy.com/2011/06/20/the-revolution-will-be-tweeted/>.

Lejos de renunciar a los avances tecnológicos, algunos de los líderes más reaccionarios comprendieron a la perfección que la tecnología es una herramienta fundamental para alcanzar sus metas. El ayatolá Jomeini, por ejemplo, era meridianamente claro al respecto:

> La afirmación de que el islam está en contra de las innovaciones (técnicas) modernas no es [...] más que una acusación idiota. Porque si por manifestaciones de civilización se entiende innovaciones técnicas, nuevos productos, nuevos inventos y técnicas industriales avanzadas que ayudan al progreso de la humanidad, entonces nunca el islam, ni ninguna otra religión monoteísta, se opondría a su adopción.[46]

En un espíritu todavía más pragmático, tampoco los yihadistas del Daesh dudaron en aprovechar las posibilidades de internet para proclamar su califato virtual y difundir su propaganda. Si las herramientas del siglo XXI ayudaban en su objetivo de devolver a la sociedad al siglo VII, bienvenidas eran.

Pero uno de los más clarividentes enemigos de la libertad no se encontraba en Oriente Medio, sino en la ribera del Caribe. Hugo Chávez siempre defendió que internet y las redes sociales eran sus «armas secretas para la batalla ideológica», «armas que deben ser usadas por la revolución» porque «la tecnología no es neutra», las Blackberries «no son ni capitalistas ni socialistas, depende de nuestro uso».[47] Y siguiendo sus propios consejos, decidió lanzar una estrategia propagandística de «guerrilla comunicacional» que ha continuado Nicolás Maduro hasta nuestros días.

Y es que la tecnología ha servido en muchas ocasiones para decantar la balanza no a favor de la libertad, sino de la opresión. Muchas de las innovaciones punteras que se han desarrollado en los últimos años son fruto del esfuerzo de los regímenes auto-

46. D. F. Eickelman y J. Piscatori, *Muslim Politics*, Princeton University Press, Princeton, 2004.

47. <https://www.youtube.com/watch?v=S3kAjbqjOH0>.

ritarios para reforzar su control sobre la población. En Arabia Saudí, por ejemplo, los hombres ya pueden controlar a sus mujeres a través de una aplicación desde la que es posible monitorizar y restringir sus movimientos. En China, el Estado ha creado un sistema de reconocimiento facial con el que identificar en todo momento a aquellos ciudadanos sospechosos de disidencia con el Gobierno de Pekín. Azerbaiyán ha empleado un sistema de vigilancia para localizar y perseguir a personas homosexuales o transexuales. Indonesia rastrea las minorías religiosas y los casos de blasfemia contra el islam. Y la lista podría continuar hasta la extenuación. Por no hablar de las decenas de Gobiernos autoritarios que emplean software para espiar la actividad en línea de los opositores, o los todavía más numerosos Estados que censuran la información y las opiniones vertidas en internet.

Cuando los Estados tienen el control sobre los recursos económicos y tecnológicos, internet suele ser una tecnología al servicio de la opresión.

Pero ¿qué ocurre cuando esto no es así? ¿Qué ocurre en las democracias liberales occidentales?

El problema de las *fake news* es un ejemplo evidente. Cada vez es más obvia la presencia de las campañas de desinformación promovidas por partidos populistas. Además, hemos comprendido el interés de potencias extranjeras por interferir en procesos electorales y manipular la opinión pública. Pero a menudo no somos conscientes de las consecuencias sistémicas de la posverdad.

En los últimos años, la brecha entre la calidad de nuestra democracia y la percepción que los ciudadanos tienen de ella y sus instituciones es cada vez más grande. España forma parte del selecto grupo de democracias plenas, de aquellas que mejor respetan las libertades individuales y son más garantistas, según numerosas fundaciones y *think tanks*. Su calidad democrática queda fuera de toda duda a nivel internacional. Pero los españoles suspenden a sus instituciones. Según el CIS, únicamente la Guardia Civil, la Policía y las Fuerzas Armadas cuentan con la confianza ciudadana, mientras que el Parlamento, el Gobierno, el Poder Judicial o la monarquía son evaluadas negativamente.

Este fenómeno no es exclusivo de España, sino que forma parte de una tendencia clara en la inmensa mayoría de sociedades democráticas occidentales.[48] Si a la ya maltrecha confianza institucional, le añadimos el impacto del bombardeo de la desinformación, las consecuencias alcanzan extremos alarmantes. Según un estudio de los politólogos Roberto Stefan Foa y Yascha Mounk, la democracia ha dejado de considerarse un valor por sí mismo, especialmente para las generaciones más jóvenes. Mientras que cerca del 75 por ciento de ciudadanos nacidos en los años treinta en países europeos consideran «esencial» vivir en una democracia, la cifra cae hasta el 30 por ciento cuando se pregunta a los nacidos en los años ochenta.[49]

La expansión de las campañas de *fake news*, su perfeccionamiento mediante técnicas de ingeniería social y la aparición de innovaciones como las *deep fakes* están logrando que la frontera entre realidad y desinformación sea cada vez más difusa. Con ello, la recuperación de la confianza en las instituciones democráticas basada en realidades objetivas resulta todavía más complicada.

Todas las instituciones, organizaciones de la sociedad civil y ciudadanos que estamos comprometidos con el futuro de las democracias liberales debemos combatir la desinformación de manera prioritaria. Se trata de una amenaza existencial para los Estados democráticos, y como tal, la lucha contra ella debe ser parte fundamental de sus estrategias de seguridad nacional.

Para ello es necesario atender dos frentes diferentes: el lado de la oferta y el lado de la demanda,[50] es decir, trabajar contra aquellos que emiten desinformación y en defensa de aquellos que la consumen.

En el lado de la oferta, vivimos una asimetría gigantesca. Mientras que las democracias actúan lentamente frente a las

48. <https://www.people-press.org/2018/04/26/the-public-the-political-system-and-american-democracy/>.

49. <https://www.journalofdemocracy.org/wp-content/uploads/2017/01/02_28.1_Foa-Mounk-pp-5-15.pdf>.

50. <https://www.project-syndicate.org/commentary/disinformation-fake-news-democracy-by-ana-palacio-2019-03/spanish>.

fake news para respetar de manera escrupulosa la libertad de expresión, los regímenes autocráticos que promueven campañas de desinformación no tienen reparos en aplicar la censura cuando las *fake news* son perjudiciales para ellos. La Duma rusa, por ejemplo, en un ejercicio de descarada hipocresía, aprobó recientemente una ley que contempla sanciones económicas y penas de cárcel para aquellos individuos que distribuyan noticias falsas.[51]

Las democracias deben seguir siendo fieles a sus principios y valores, pero no por ello deben permanecer a la defensiva de manera pasiva. Los europeos ya hemos sufrido numerosas manipulaciones durante procesos electorales, desde la campaña de las presidenciales francesas hasta el referéndum del *brexit* o el referéndum ilegal por la independencia de Cataluña. Es hora de contrarrestar la desinformación de forma activa.

Propuestas como la creación de una Agencia Europea para la Protección de la Democracia, destinada a evitar las injerencias extranjeras en procesos electorales y lanzada por Emmanuel Macron en su campaña por un «renacimiento europeo»,[52] avanzan en la buena dirección. Igualmente acertadas resultan algunas iniciativas de la Comisión Europea, como el sistema de alerta rápida,[53] las exigencias en materia de transparencia en la contratación de publicidad política en línea o la eliminación y desmonetización de perfiles que diseminen noticias falsas.[54]

Sin embargo, la clave de la lucha contra la desinformación se encuentra en el lado de la demanda, en la protección de los consumidores de desinformación.

Liberales y demócratas debemos huir de cualquier pretensión de crear ministerios de la verdad. La misión del Estado no es la de señalar noticias verdaderas o falsas, ni buenos y malos

51. <https://elpais.com/internacional/2019/03/07/actualidad/1551983832_583962.html>.

52. <https://www.elysee.fr/emmanuel-macron/2019/03/04/pour-une-renaissance-europeenne>.

53. <https://eeas.europa.eu/sites/eeas/files/ras_factsheet_march_2019_0.pdf>.

54. <http://europa.eu/rapid/press-release_STATEMENT-18-5914_en.htm>.

periodistas o buenos y malos medios de comunicación. La misión del Estado es la de crear entornos en los que las noticias falsas y los medios de comunicación que las difundan queden desacreditados y marginalizados.

Esto es algo que únicamente puede conseguirse formando ciudadanos con pensamiento crítico, con capacidad de análisis, con cultura democrática y conocimiento de la realidad internacional. Sin ciudadanos bien formados, la desinformación se propaga como un incendio, y los grandes creadores de *fake news* son muy conscientes de ello. En palabras de la propagandista en jefe del Kremlin, Margarita Simonyan, si los estadounidenses han sido capaces de creer cualquier cosa es «porque son una población desinformada» con un «nivel educativo y de comprensión del mundo muy bajo».[55] Ésa es la verdadera falla de las democracias, la grieta por donde se inocula el veneno de las noticias falsas.

El problema, en conclusión, no es la tecnología en sí misma, sino nuestra capacidad de adaptarnos a ella. Nuestra capacidad de protegernos frente a sus amenazas y de emplearla en la defensa de nuestros valores. Internet es la tecnología fundamental de nuestro siglo y, por tanto, el futuro de la libertad y la democracia dependerá de manera fundamental de nuestra capacidad de poner internet a su servicio.

55. <https://rutube.ru/video/35f47363af9ce3fd35be7126d3e225ee/>.

6

Un liberalismo conservador de la naturaleza

Ignacio Sánchez Segura
Asesor de la Consejería de Medio Ambiente
de la Comunidad de Madrid

El debate político sobre medio ambiente adolece de un escoramiento ideológico similar al de la vida cultural. Esta hegemonía del discurso de izquierdas en el terreno ambiental tiene consecuencias negativas evidentes para el centro-derecha, al que le cuesta afrontar (también en esto) la batalla de las ideas, la imagen y la iniciativa política. Tiene, además, un efecto pernicioso para el medio ambiente, ya que el cuasi monopolio que la izquierda ejerce sobre la defensa de la naturaleza y su instrumentalización en favor de una agenda política anticapitalista provocan que amplios sectores sociales, distantes de la izquierda, se muestren escépticos, cuando no reacios, a comprometerse con objetivos conservacionistas. No debería ser así.

Lo cierto es que abundan los grupos ecologistas que son —sin duda, en el legítimo ejercicio de su libertad de expresión— radicalmente militantes contra el capitalismo, incluso contra la «economía verde». Por ejemplo, con motivo de la Conferencia de Naciones Unidas sobre Desarrollo Sostenible de 2012 que tuvo lugar en Río de Janeiro (conocida como Río+20), Ecologistas en Acción y otras organizaciones similares convocaron actos de protesta con argumentos como que «el desarrollo sostenible ha sido un lavado de cara en la búsqueda de nuevas formas de acumulación de capital» o «con el disfraz de un capitalismo amable y responsable con el planeta, opera una vuelta de tuerca más en la privatización de los bienes comunes y en la continuidad de un sistema de explotación e injusticias». Su conclusión era que «la humanidad está frente a una gran disyuntiva: continuar el camino del capitalismo, la depredación y la muerte o emprender el camino de la armonía con la naturaleza y el respeto a la vida».

Afortunadamente, no todas las asociaciones vinculadas a la defensa del medio ambiente comparten esta militancia. Al contrario, son mayoría las que trabajan con rigor para promover mejoras reales de nuestra calidad ambiental, en lugar de dedicarse a lanzar soflamas contra el libre mercado, la iniciativa empresarial, la propiedad privada y, en definitiva, contra los fundamentos de la actividad económica y la prosperidad. Sin embargo, es la retórica antiliberal la que lleva la voz cantante en los medios de comunicación y las redes sociales cuando se trata del medio ambiente. Entre otras razones, porque sus abanderados apenas encuentran oposición. Uno de los resultados de todo esto es la buena acogida que los dislates del comunismo *podemita* siguen encontrando entre numerosas personas sensibilizadas con la protección de la naturaleza, ante la clamorosa ausencia de una argumentación alternativa potente.

Una vez más, no es que falten ejemplos de buena gestión por parte de los Gobiernos del centro-derecha en esta área. Lo que se echa de menos es la articulación de un discurso ambiental propio y reconocible por los ciudadanos, que esté presente en todos los medios donde se genera opinión al respecto. La tarea es compleja y requiere de la participación de perfiles diversos, tanto técnicos como políticos, pero señalaré algunas ideas básicas que creo que se deberían tomar en consideración.

La perspectiva conservadora

Desde una perspectiva conservadora, la preservación de la naturaleza debería constituir un objetivo esencial, dada la evidente afinidad entre los conceptos de conservadurismo y conservacionismo. En pocos asuntos como éste resplandece tanto la idea de Edmund Burke de la sociedad como «una asociación entre los vivos, los que han muerto y los que van a nacer». La extraordinaria biodiversidad y la riqueza paisajística de España constituyen un activo de valor incalculable que hemos recibido de nuestros antepasados. Legarlo en las mejores condiciones posibles a las generaciones venideras es, también, una muestra de patriotismo.

Pocos españoles saben que nuestro país fue uno de los pioneros en la creación de espacios naturales protegidos. Y lo fue gracias al impulso de un político conservador como Pedro Pidal, primer marqués de Villaviciosa de Asturias, con el patrocinio entusiasta del rey Alfonso XIII. Así fue como en 1916 se promulgó la primera Ley de Parques Nacionales y en 1918 se creó el primer parque nacional de España, el de la montaña de Covadonga (hoy de Picos de Europa), que fue uno de los primeros del mundo tras Yellowstone (Estados Unidos) y Sarek (Suecia). (El primer Ministerio de Medio Ambiente lo creó José María Aznar en 1996 y el cargo lo ocupó una mujer, Isabel Tocino.) Si un avance de esta envergadura lo hubieran protagonizado personajes que encajaran en la mitología progresista, habrían sido elevados a los altares por la izquierda con ocasión de las conmemoraciones de ambos centenarios. Pero lo significativo no es que la izquierda pasara de puntillas sobre la impronta conservadora de lo que se conmemoraba (¿cabía esperar otra cosa?), sino que a la derecha ni siquiera se le ocurriera hacer el menor gesto para reivindicar un referente histórico de lo que su propia concepción de la política ha aportado a la sociedad. Para Pedro Pidal, el título de parque nacional representaba «la expresión de la hermosura, de la belleza, de los encantos naturales de la patria».[56]

Para una cierta interpretación del liberalismo, la política ambiental puede resultar poco grata, debido a que en algunas de sus vertientes requieren de regulaciones y restricciones a la actividad humana, medidas que a los liberales, por regla general, nos producen una incomodidad casi instintiva. Sin embargo, este tipo de intervención pública resulta necesaria e inevitable en numerosos órdenes, como en el caso de la protección del patrimonio histórico-artístico, y por idénticas razones es perfectamente defendible para preservar nuestro patrimonio natural.

56. Azahara Villacorta, «Pedro Pidal, el gran visionario», *El Comercio*, 15 de abril de 2018.

En palabras también del marqués de Villaviciosa de Asturias: «Un castillo, una torre, una muralla, un templo, un edificio, se declara monumento nacional para salvarlo de las destrucciones. ¿Y por qué un monte excepcionalmente pintoresco, con sus tocas de nieve, sus bosques seculares, su fauna nacional y sus valles paradisíacos, no ha de ser declarado parque nacional para salvarlo de la ruina? ¿No hay santuarios para el arte? ¿Por qué no ha de haber santuarios para la naturaleza?».[57]

Otra cosa es el peso y el enfoque que debe darse al papel del Estado, y que no tiene por qué ser, ni mucho menos, el defendido por la izquierda más dogmática. Por ejemplo, es muy difícil conseguir el nivel de cuidado y conservación de un terreno forestal que garantiza un propietario particular orgulloso de su finca, cuya rentabilidad y seguridad dependen directamente de una correcta gestión y limpieza. De modo que lo mejor que pueden hacer los poderes públicos es ayudarle a mantener su actividad, en lugar de ponerle todo tipo de cortapisas que muchas veces sólo se explican por una aversión ideológica a la propiedad privada.

La extensión de nuestros bosques aumentó un 31 por ciento de 1990 a 2010. Sin embargo, el Centro de Investigación Ecológica y Aplicaciones Forestales (CREAF-UAB) ha advertido que este dato no tiene por qué ser necesariamente bueno, dado que en su mayor parte el aumento de bosque se debe al abandono de su gestión, generalmente porque ya no es rentable. Resulta que somos la segunda potencia europea en superficie arbolada, pero la Sociedad Española de Ciencias Forestales (SECF) señala que desde 2008 hasta 2014 se perdió un 39 por ciento del empleo en la industria forestal, y la tasa de aprovechamiento de nuestros recursos forestales madereros se ha reducido algo más del 40 por ciento. Hoy estamos a la cola de Europa, por detrás de países con menos madera, como Alemania, Francia y Portugal, que aprovecha más del 80 por ciento. Las consecuencias negativas de este «reverdecimiento por abandono», además del evidente coste de oportunidad, van desde un inadecuado estado de salud de nuestros montes hasta una mayor virulencia de los in-

57. Ibídem.

cendios, debido a la estructura cada vez más continua y densa de la cubierta forestal.[58]

Liberalismo integrador

Frente a un ecologismo de izquierdas que parte de la consideración del hombre como «gran depredador» y principal enemigo de la Tierra, la política ambiental liberal-conservadora debe representar una alternativa integradora, que entienda el desarrollo humano como parte esencial de la naturaleza, a cuyo cuidado puede y debe contribuir el hombre, como parte de su propia y legítima búsqueda de un mayor bienestar para él y para sus descendientes. No tiene sentido, por ejemplo, el empeño de los activistas más radicales de plantear la necesaria protección del lobo ibérico como una guerra abierta contra los ganaderos, sin preocuparse lo más mínimo por los graves perjuicios que les llega a causar esta especie. Preferir la confrontación a la conciliación es tanto como pretender la mejora de la biodiversidad a costa de arruinar una actividad como la ganadería extensiva que, bien gestionada, contribuye decisivamente al cuidado de los montes y a la prevención de incendios forestales. ¿O acaso se aspira al despoblamiento total y definitivo del medio rural para «retornar» a un paraíso virginal, libre de la molesta presencia de la especie humana?

En casos como éstos, al centro-derecha le corresponde ofrecer pragmatismo y buen sentido para ponderar intereses legítimos, buscando soluciones eficaces en la defensa de la fauna silvestre desde la cooperación con la gente del campo, que en muchos casos actúan como custodios del territorio, demostrando con su quehacer diario el amor que sienten por la naturaleza. Son numerosas, y en franca progresión, las iniciativas a favor del medio ambiente que parten de agricultores y ganaderos, del sector forestal, del ecoturismo... Desde viñedos capaces de producir sus propios fertilizantes a partir de los residuos orgánicos gene-

58. Eva Dallo, «España, segunda en el ranking de bosques de Europa», *Fuera de Serie*, 4 de febrero de 2019.

rados durante la vendimia, hasta olivares acondicionados para favorecer la presencia del mochuelo, pasando por la contribución a la biodiversidad de los criadores de razas ganaderas autóctonas, o la de los apicultores a la polinización de la flora, por mencionar tan sólo algunos casos ilustrativos. Mención aparte merecen las ganaderías de toros bravos, esenciales para la conservación de nuestras dehesas, algo que no parece tenerse en cuenta ante la permanente campaña de acoso y derribo contra la lidia en la que confluyen, una vez más, el sector más radical de la izquierda y los separatistas de todo pelaje.

Cada vez son más los emprendedores del medio rural comprometidos con el cuidado del que, en definitiva, es su medio de vida, y a quienes toda formación liberal-conservadora debería mimar, más allá de su peso en el PIB o en el cuerpo electoral, por su contribución al equilibrio territorial y por el modelo de desarrollo económico sostenible que representan. Y, junto a ellos, los técnicos y gestores —tanto públicos como privados—, la prensa especializada o las numerosas ONG conservacionistas sin adscripción política, que realizan una loable labor en aras del bien común y con quienes se ha de mantener una comunicación fluida y, por tanto, de ida y vuelta.

Lo que resulta contradictorio, cuando no directamente farisaico, son las lamentaciones por la «España vacía» de aquellos que practican un ecologismo urbanita desde el que pretenden dictar a los habitantes de los pueblos cómo tienen que vivir, restringiendo las actividades económicas en el medio rural con toda clase de cargas burocráticas y fiscales. Lo primero que hace falta para que alguien pueda permanecer o establecerse en un lugar son oportunidades de ganarse la vida. Sin un tejido productivo capaz de generar riqueza y puestos de trabajo, toda pretensión de «reequilibrar el territorio» a base de subvenciones es como echar agua en un cesto. Y la mejor forma que tienen los poderes públicos de apoyar el emprendimiento no es con ayudas económicas, muchas veces condicionadas por requisitos peregrinos, sino absteniéndose de poner trabas y adecentando infraestructuras básicas de transporte, acceso a internet, suministro de agua, etc. O abordando problemas que sólo puede resolver la Administración mediante reformas de los marcos regulatorios, como es el caso de los daños causados a la agroganadería por la sobrepoblación de jabalíes o por los ataques de los buitres al ganado vivo, que se han vuelto cada vez más habituales debido a la normativa que obliga a incinerar las reses muertas que antes servían de alimento a las carroñeras. A los excesos de población de determinadas especies, como sucede también con la cabra montés en la Sierra de Guadarrama, está contribuyendo la fobia contra la caza alentada desde el llamado «animalismo», con consecuencias perjudiciales no sólo para la gente del campo, sino también para la flora, que puede resultar esquilmada, o para la propia fauna silvestre, al facilitar la aparición de epidemias de sarna.

El principal instrumento de conservación de la biodiversidad de la Unión Europea, la Red Natura 2000, promueve precisamente que la conservación de nuestros espacios naturales vaya acompañada de beneficios para los ciudadanos y para la economía en general, ofreciendo nuevas oportunidades al desarrollo de actividades productivas tradicionales o de un turismo vinculado al conocimiento y disfrute de la naturaleza. Esta línea de actuación puede ser un buen referente a la hora de perfilar un programa político de centro-derecha más sensible ante las cuestiones ambientales y que, al tiempo, sea capaz de rebatir las posturas maximalistas que tratan de identificar el desarrollo económico con la destrucción inmisericorde del medio ambiente, como si fueran las dos caras de la misma moneda.

Democracia liberal, prosperidad y preservación del medio ambiente

Lo cierto es que los países que disfrutan de mayor calidad ambiental son siempre democracias liberales y economías de libre mercado, mientras los experimentos de socialismo real o de corte populista se cuentan por fracasos, también en lo que se refiere al cuidado del medio ambiente. Un hecho que la propaganda de estos regímenes se ha cuidado siempre de escamotear a la opinión pública, como denunciaba Jean-François Revel en *El renacimiento democrático*, a principios de los años noventa:

> En Alemania, después de la caída del Muro y del Telón de Acero, emergió de las tinieblas una revelación que dejó las conciencias occidentales estupefactas: el espectáculo repentinamente desvelado de la espantosa contaminación de los países comunistas, incomparablemente más grave que la de los países capitalistas. [...] En abril de 1990, los ministros de la Comunidad Europea, auscultando al moribundo, diagnosticaron que Alemania oriental era el país más contaminado del continente. [...] El Elba, su principal río, arrastraba ocho veces más mercurio y cien veces más pesticidas peligrosos que el Rin. También la tierra estaba contaminada, como revela el descubrimiento, en algunas regiones, de suelos hasta tal punto contaminados que incluso las lombrices se encontraban en vías de extinción. Las superficies ultra fertilizadas de Alemania oriental producen solamente la mitad del rendimiento de las de Alemania occidental que, sin embargo, limita estrictamente el empleo de abonos químicos.[59]

Y concluía Revel aceradamente: «Uno de los misterios del socialismo consiste en que contamine tanto produciendo tan poco».

Ante retos como la lucha contra la contaminación, la gestión de los residuos o el uso eficiente de los recursos naturales, los mejores aliados son —como en tantos otros terrenos— la transparencia y solidez de las instituciones democráticas, el alto nivel educativo y el desarrollo tecnológico que sólo las sociedades abiertas y el sistema económico capitalista son capaces de proporcionar. No es cierto que la prosperidad y el progreso se alcancen necesariamente a costa del medio ambiente. Véase la mejora sustancial para la calidad del aire de nuestras ciudades que supuso la masiva sustitución de las antiguas calderas de carbón en los edificios. Ahora el problema principal se centra en las emisiones producidas por el tráfico, y será en la extensión de los

59. Jean-François Revel, *El renacimiento democrático*, Plaza y Janés, Barcelona, 1992.

vehículos híbridos y eléctricos donde se encuentre en buena medida la solución. De igual modo, pensemos en la actual implantación del reciclado, impensable hace tres décadas, o en lo que hoy son los modernos centros de tratamiento de residuos comparados con los vertederos que entonces proliferaban en nuestro país por los lugares más disparatados.

Evidentemente, queda mucho por hacer y nada de esto se habría conseguido sin el afán de mejora constante que requiere el cuidado del medio ambiente. Guy Sorman ha recordado en diversas ocasiones que la civilización occidental se distingue sobre todo por la capacidad de crítica y de autocrítica.[60] Pero es precisamente en los valores que sustentan nuestra civilización, nuestro sistema político y nuestro modo de vida en los que debemos apoyarnos para configurar y hacer visible una propuesta conservacionista alternativa al ecologismo «izquierdista», basado en la permanente impugnación de esos valores y en la búsqueda sistemática del conflicto como enésimo remedo de la lucha de clases. El desarrollo de la economía circular en todo tipo de sectores también confirma algo que a determinada izquierda parece molestarle: la rentabilidad económica (bien por ganancias de eficiencia, bien por imagen corporativa, y aunque sea a largo plazo) resulta un aliciente poderoso para que las empresas apuesten por la sostenibilidad ambiental. Busquemos en la flexibilidad y los estímulos que ofrece la economía de libre mercado el impulso a un círculo virtuoso de prosperidad, avances técnicos y mejoras ambientales, como contraposición a aquellos que sólo parecen satisfechos si el camino hacia su utopía está jalonado de negocios en quiebra y altas tasas de desempleo.

Como bien ha expuesto el economista liberal Lorenzo Bernaldo de Quirós, el cambio climático se ha convertido en uno de los puntos centrales de la agenda política, económica y social de los Estados desarrollados, y el consenso científico parece respaldar dicha preocupación, pero la gran cuestión es cuál puede ser la vía más eficiente para afrontar la descarbonización. La mayoría de los países intentan abordarla mediante subsidios o res-

60. Guy Sorman, «Los valores de Occidente», *ABC*, 6 de julio de 2014.

tricciones, dirigidas a favorecer determinadas tecnologías o sectores y a penalizar a otros, obedeciendo en muchos casos a razones de naturaleza ideológica o a grupos de presión. Además, si es imposible predecir la evolución del conocimiento futuro, los Gobiernos tampoco pueden saber cuáles serán las tecnologías que a largo plazo permitirán recortar las emisiones de CO_2 del modo más eficiente, a lo que se une que las inversiones en energía tienen un alto componente de irreversibilidad y una vida útil bastante alta. Por todo ello, se aconseja emprender una dinámica más prudente de ensayo-error, en vez de imponer un programa de cambio radical y un patrón concreto e inmutable de descarbonización, como la Ley de Cambio Climático y Transición Energética impulsada por el Gobierno de Pedro Sánchez, en función de un conocimiento y una información de la que los Gobiernos no disponen ni pueden disponer.

La alternativa que propone Bernaldo de Quirós consiste en introducir un impuesto sobre el CO_2 que permita, por un lado, que las externalidades negativas sean internalizadas por las compañías y por los consumidores-usuarios, pero también, por otro lado, que sea el mercado quien tienda a encontrar las vías más eficientes en términos coste-beneficio para que las emisiones disminuyan. De este modo se avanzaría en la descarbonización de la economía, al mismo tiempo que las empresas verían reducida la regulación y la incertidumbre asociada a ésta, incentivando con mayor flexibilidad la inversión a largo plazo en tecnologías limpias.[61]

Tampoco se trata aquí de ofrecer respuestas concluyentes a tantas y tan complejas cuestiones como plantea la política ambiental. El principal objeto de este ensayo es subrayar la importancia de estos asuntos a la hora de elaborar un programa político liberal-conservador en sintonía con el tiempo que nos ha tocado vivir, así como apuntar algunas bases sobre las que se puede empezar a construir. La actualización del ideario exige incorporar nuevas prioridades y el medio ambiente tiene que ser

61. Lorenzo Bernaldo de Quirós, «Contra la Ley de Cambio Climático», *Actualidad Económica*, 3 de julio de 2019.

necesariamente una de ellas. Éste es el camino que están siguiendo todas las sociedades avanzadas y España no va a ser ninguna excepción. Pero dicho programa ambiental, más ambicioso y más comprometido, debe construirse sobre los valores característicos del centro-derecha, contraponiendo el realismo a la utopía, los hechos a las intenciones, el humanismo al «animalismo», el emprendimiento al asistencialismo, los incentivos y el apoyo a la sociedad civil frente al intervencionismo y la burocracia, la moderación frente al radicalismo, y el aprecio a las tradiciones frente al «adanismo». La derecha española no puede quedar al margen de uno de los grandes debates de nuestra era, pero debe hacerlo definiendo su propio modelo de protección del medio ambiente para conformar un nuevo liberalismo conservador, también conservador de la naturaleza.

POLÍTICA

7

El socialismo es el problema

Carlos Bustelo
Ministro de Industria y Energía con Adolfo Suárez

España, con una localización privilegiada en la península más occidental del macrocontinente euroasiático, ha conseguido abandonar la pobreza en un lapso de tiempo muy breve y lo lógico sería que ahora fuera una nación aceptablemente unida y feliz, dispuesta a seguir adelante hacia mayores cotas de prosperidad y libertad.

¿Qué nos pasa a los españoles para que no sea así? Será difícil encontrar las soluciones adecuadas si no partimos de un diagnóstico acertado. Tal vez sería apropiado recordar aquí una vez más el conocido lamento orteguiano de hace casi un siglo: «Lo que nos pasa es que no sabemos lo que nos pasa».

Para analizar hoy con algún sentido la realidad española hay que partir de la Transición democrática (1975-1982). Casi todo lo positivo y lo negativo que nos ha pasado desde entonces tiene su origen en aquella gran operación histórica que hoy simplificamos como la Transición, etapa clave de la historia de España y tergiversada con gran habilidad por los socialistas[62] que han conseguido convencer a un gran número de españoles de que ellos fueron decisivos en la gran Transición. La realidad es que los socialistas aportaron poco a la compleja operación de desmontar la dictadura y restaurar la democracia, entretenidos como estaban en decidir cómo llevar a cabo

62. Carlos Bustelo, «La Transición democrática: una historia tergiversada», La Tercera, *ABC*. 3 de junio de 2000.

«la sustitución de la empresa capitalista por la empresa autogestionada».[63]

Todo este falseamiento histórico tuvo éxito porque cuando murió Franco en 1975, el socialismo todavía gozaba en Europa de un gran prestigio. Desde la segunda guerra mundial se habían ido imponiendo los grandes dogmas de la izquierda y del llamado Estado del Bienestar —que así se llamó desde el primer momento para ocultar hábilmente que de lo que se trataba era del bienestar del Estado: la necesidad de impuestos confiscatorios para financiarlo, el papel protagonista de los sindicatos «de clase», las ventajas de las nacionalizaciones y la planificación estatal de la economía. En resumen, un crecimiento acelerado y continuo del llamado sector público y la consiguiente reducción del espacio para el llamado sector privado—. Se fue así consolidando gradualmente lo que un gran economista liberal español, hoy casi desconocido en la universidad, Lucas Beltrán Flórez, nos aclaró con precisión: «El sector privado es el que controla el Gobierno y el sector público es el que no controla nadie». ¡Brillante conclusión a la que llegó varios años antes de que existieran las autonomías regionales!

Esta ideología dominante, profundamente antiliberal, había llevado a unos Estados europeos intervencionistas y en constante expansión que demostraron su ineficacia y elevado coste cuando tuvieron que reaccionar frente a los dos impactos externos de las crisis energéticas (1973 y 1979). Para hacer frente a la gran crisis del petróleo, se adoptaron medidas socialistas (expansión del gasto público, control de precios y salarios, nacionalizaciones) que no hicieron más que agravar la situación, provocando en toda Europa una situación de «estanflación», es decir, estancamiento económico con elevada inflación. Así, la década de 1970-1980 fue la del replanteamiento a fondo de las bases de la política socializante ejercida en toda Europa occidental desde el final de la segunda guerra mundial.

Los españoles tuvieron que enfrentarse a la transición de la

63. Congreso XXVII del PSOE, *Memoria de Gestión de la Comisión Ejecutiva*, diciembre de 1976.

dictadura a la democracia con la ventaja de encontrarse un país que llevaba casi quince años de crecimiento rápido y sostenido, pero también con el inconveniente de una confusión ideológica que impedía trazar con claridad a qué modelo de sociedad aspiraban los españoles. La misma Constitución española de 1978 refleja estas dudas históricas, pues sus artículos iniciales definen con rotundidad una nación unida, un Estado de derecho sin fisuras y con el pueblo soberano como fuente de todos los poderes. Pero conforme se avanza por la fronda de sus ciento sesenta y nueve artículos y varias disposiciones adicionales, se encuentran casi todos los dogmas y lugares comunes del socialismo dominante en aquellos años. El capítulo III del título I de la Constitución se llama nada menos que «De los principios rectores de la política social y económica», lo que ya nos indica por dónde se va a mover el nuevo Estado español: una gran desconfianza en la autonomía individual y una convicción de que el Estado debería intervenir en casi todos los aspectos de la vida de los españoles. En otras palabras, el Estado iba a recaudar y redistribuir la riqueza de la nación, planificar la economía, subordinar la propiedad privada al interés general, fomentar la sindicación obrera y la negociación colectiva, sustituir a los jueces profesionales por los jurados populares, etc. Estaba claro que el pueblo español había elegido el camino de la socialdemocracia intervencionista y estatalista para salir de la dictadura anterior, desechando una salida liberal conservadora. Era casi inevitable que así sucediera, pues si había algo en común entre el franquismo y el socialismo era el intervencionismo y el antiliberalismo. Además, esto era lo que predominaba en los principales países de Europa occidental en los medios intelectuales, en los comités de redacción de los principales periódicos y en los claustros universitarios que, en su gran mayoría, por ejemplo, todavía en 1975 consideraban a la Unión Soviética como el modelo de sociedad que acabaría felizmente sustituyendo al capitalismo democrático.

Precisamente en esta falta de honradez intelectual y moral que impedía criticar la entrada de los tanques rusos en Budapest en 1956 o en Praga en 1968, se encuentra el origen de algunas de nuestras desgracias nacionales. Los españoles no hemos sido capaces de informarnos bien de lo que ocurría en el mundo exterior y de obtener así las conclusiones lógicas del fracaso global del socialismo, tanto en su versión totalitaria como en su versión democrática. La Unión Soviética, China y Cuba son ejemplos terribles y evidentes del desastre socialista, pero también el Reino Unido de Callaghan y Wilson o la Francia de Mitterrand debían ser casos de estudio obligatorio en las universidades europeas. El Reino Unido primero y Francia después tuvieron que pagar un elevadísimo coste social y económico por esos experimentos socialistas de manual. «Hay que acabar de una vez con la empresa capitalista» fue el mensaje clave de Mitterrand en la campaña electoral que le llevaría a la presidencia de Francia en 1981.

La Constitución española de 1978, como ya hemos explicado antes, apoyada en referéndum por la inmensa mayoría del pueblo español, recogía en sus numerosos artículos el intervencionismo estatal en la economía y preparaba el camino para el gran triunfo electoral del socialismo en 1982. Y al mismo tiempo, cimentaba sin necesidad las fuerzas centrífugas de los nacionalismos excluyentes. La confusión ideológica en que se movió siempre el partido político que hizo la Transición, la UCD, le llevó a la desaparición y a dejar una derecha española tan debilitada que no se recuperaría hasta 1996. Fueron largos años de dominio político, económico y social del socialismo con una oposición casi inexistente. La gran paradoja es que en pocos años, de 1975 a 1982, la UCD, el partido político que asombró al mundo con la Transición de la dictadura a la democracia, se deshizo totalmente. Y el PSOE, que en 1977 todavía quería acabar con el capitalismo democrático, se convirtió a la socialdemocracia capitalista y a la OTAN. Claro que las conversiones son complicadas y nunca completas y a los socialistas se les nota con frecuencia de dónde vienen. En realidad, los Gobiernos de Zapatero y Sánchez son un renacimiento de las esencias socialistas que se habían diluido en aras de conseguir y mantener el poder por el muy pragmático Felipe González. No han sido Zapatero y Sánchez el resultado de una maldición bíblica o de la mala suerte de España, sino el resultado lógico del socialismo de toda la vida.

El problema de España y en cierto modo también de la Unión Europea, del que se derivan todos los demás, es que no hemos sabido sacar las conclusiones pertinentes del fracaso mundial del socialismo en todas sus versiones, totalitario o democrático. Y esto es lo que nos ha llevado al triunfo de la corrección política y del pensamiento único de izquierdas. Y una debilidad de la derecha conservadora y liberal que llega incluso a asumir como verdadera, por ejemplo, la montaña de falsedades sobre las que la izquierda reescribe la historia.

Casi en todas partes, los partidos socialistas se han convertido en partidos erráticos, sustituyendo sus ideas primarias, fracasadas todas, por causas extravagantes que pueden acabar perturbando gravemente la vida de una nación entera. El socialismo en España había ido abandonando sus costosos disparates históricos, como la planificación de la economía, la nacionalización de los medios de producción, el papel protagonista de los sindicatos afines, etc., por otras causas «nuevas», como la ideología de género, el matrimonio homosexual, el separatismo nacionalista, el islamismo, el anticatolicismo extremo, el cambio climático en versión dogmática, el ecologismo radical y cualquier otro invento que ayude a la supervivencia del socialismo fracasado.

Para concluir esta reflexión sobre nuestra historia reciente, tal vez sea apropiado descender al mundo de la realidad concreta y con ello resolver las dudas que puede provocar la lectura de los párrafos anteriores. ¿Cómo puede haber ido tan bien la España democrática sufriendo el dominio casi total de una ideología tan equivocada como el socialismo? La respuesta a esta pregunta razonable está en el recuerdo de algunas aportaciones clave de los Gobiernos socialistas desde la Transición. Dejando aparte el esperpento histórico de la casi salida de la OTAN para alinearse con países como Argelia y Cuba, pasemos revista a algunos capítulos clave de la era socialista (1983-1996).

La **moratoria nuclear**, que convirtió a España en uno de los pocos países que ha construido centrales nucleares para luego no usarlas. España reunía todos los requisitos para seguir adelante con la utilización pacífica de la energía nuclear, más limpia y mucho más barata que las energías renovables. Teníamos uranio y una excelente industria nuclear que todavía hoy sobrevive exportando a China y otros países.

La **Ley Orgánica del Poder Judicial** (LOPJ), de 1 de julio de 1985. Con razón pudo Alfonso Guerra presumir de que con esta ley había muerto Montesquieu. Se acabó la justicia independiente en España.

La **Ley Orgánica de Libertad Sindical** (LORS), de 2 de agosto de 1985, que consolidó el poder omnipresente de los dos sindicatos «de clase», UGT y CC. OO., que siguen siendo todavía el gran obstáculo para la modernización y la creación de empleo de la economía española. Con esta ley el paro en España ha sido, durante todos estos años, el doble que en los países desarrollados.

Ley Orgánica de Regulación de las Normas Básicas sobre Órganos Rectores de las Cajas de Ahorro (LORCA), de 2 de agosto de 1985, cuyo objetivo básico era «la plena democratización de sus órganos rectores», es decir, su gestión por políticos y sindicalistas. Hoy conocemos bien el resultado de esta «democratización» y el coste que ha supuesto. Casi nadie ha recordado esta ley como la causa de la gran crisis de las cajas, porque la opinión generalizada es que ha sido una crisis provocada por la banca privada y sus gestores codiciosos.

La **Ley Orgánica General del Sistema Educativo** (LOGSE), de 3 de octubre de 1990, que supuso el hundimiento del sistema de educación español, del que todavía no nos hemos repuesto.

Por otra parte, y anterior a estas leyes orgánicas, fue la sentencia del Tribunal Constitucional de agosto de 1983 que anuló la Ley Orgánica de Armonización del Proceso Autonómico (LOAPA), de 30 de julio de 1982 (Gobierno Calvo-Sotelo), el único intento serio de embridar las autonomías, que hubiese evitado la situación incontrolable en que nos encontramos hoy.

Estas leyes socialistas obstaculizaron gravemente nuestro crecimiento económico, pero no lo impidieron. España se incorporó a Europa y esto obligó a abrirse al mundo y a liberalizar algunos sectores con resultados muy positivos. Pero cuando en las primeras líneas de este trabajo nos referíamos al abandono relativamente rápido de la pobreza, aludíamos sobre todo al período 1960-1975, el del Plan de Estabilización y Liberalización del régimen anterior (1959), que llevó a la economía española a tasas de crecimiento (7 por ciento anual), sólo alcanzadas por algún «tigre asiático». Esos quince años de crecimiento acelerado continuo supusieron una transformación social de España que hizo posible la Transición con más normalidad de la que se esperaba.

Pero, sin acudir a contrafactuales siempre discutibles, es casi demostrable estadísticamente que sin los Gobiernos socialistas (1982-1996) y (2004-2011), España ocuparía en la Unión Europea una posición bastante mejor que la que hoy ocupa, es decir, entre los cuatro países más pobres de la Unión Europea occidental, conocidos como PIGS (acrónimo despectivo de sus nombres en inglés: Portugal, Italia, Grecia, España). Nuestra privilegiada situación geográfica y nuestro clima, la competitividad de nuestras empresas, que han conseguido exportar con gran éxito a los cinco continentes, nuestra conversión en una de las primeras potencias mundiales en turismo, todo ello nos debería haber llevado al primer nivel de los países europeos por renta per cápita. No ha sido así, pues apenas hemos reducido la brecha que nos separaba del resto de Europa al final del régimen anterior. Este desnivel era en 2018 prácticamente el mismo que en 1975 cuando murió el general Franco: un 20-25 por ciento del PIB menor que la media de la Unión Europea occidental que, por cierto, lleva ya muchos años siendo la zona del mundo que menos crece.

Mientras se redactan estas líneas, España está en claro peligro de tener un Gobierno de coalición de socialistas con la extrema izquierda que reúna lo peor de los dos mundos: el socialismo antiguo (el comunismo) y el socialismo moderno, combinación inmejorable a la hora de destrozar la economía y la sociedad de cualquier nación.

8

Políticas constitucionales

Jorge Martín Frías
Consultor político

El 19 de marzo de 1812, Agustín de Argüelles pronunció una frase destinada a la fama. Al presentar el texto constitucional recién aprobado y promulgado por las Cortes, el divino orador exclamó: «¡Españoles, ya tenéis patria!». Escenificaba así una realidad, como era el nacimiento de una nueva comunidad política —la *patria*, o la *nación*— compuesta de ciudadanos con derechos y deberes. Era, efectivamente, una realidad inédita, que traía aparejada una cierta euforia a la que los progresistas españoles se aficionaron desde entonces. En 1931 volvieron a convencerse a sí mismos de que estaban fundando de nuevas la nación.

Era cierto que la nación política fundada por la Constitución de 1812 era una entidad nueva. También lo era que esa nación nueva se empezaba a levantar sobre otra previamente existente, en la que se daban un territorio, un pueblo, un Estado y la conciencia de formar una unidad, es decir, de compartir un pasado y una proyección al futuro. En realidad, la Constitución de Cádiz, como todas las constituciones promulgadas en las revoluciones liberales, es por lo fundamental el primer paso para una construcción política nueva, que tendrá que engarzar sin remedio, si es que quiere consolidarse, la patria o la nación previas con la nueva patria, la que anunció Argüelles en Cádiz. Es un fenómeno de doble sentido y que se produce en todas partes: en España, pero también en las naciones americanas nacidas a partir de entonces, en Francia e incluso en Estados Unidos, donde el aparente nacimiento *ab initio* de la Unión tiende a hacer olvidar las continuidades entre lo anterior y lo nuevo.

Lo que la Constitución establece es, por tanto, con esa nación política nueva, los derechos, deberes y libertades de los ciudadanos, la definición del concepto de ciudadanía o de nacionalidad, la organización territorial del Estado, la división de poderes, el funcionamiento de las instituciones y, entre otros, los procedimientos necesarios para su reforma. Conseguido en principio mediante un acuerdo lo más amplio posible (no siempre ha sido así, y las constituciones que no cumplieron esta regla han sido luego poco duraderas), el texto constitucional fija las normas de funcionamiento de la acción política.

La acción política queda, por tanto, circunscrita al marco constitucional. Dentro de él cabe todo, o casi todo, y fuera quedan aquellas propuestas que transgreden lo ordenado por la Constitución. El texto constitucional marca los límites de la acción política —y del poder— de tal modo que la comunidad política queda a salvo de cualquier tentación tiránica y también del imperio de las ideologías. No porque anule la influencia de las ideas, sino porque requiere el abandono de las ideologías como «sistemas intelectuales que reclamaban la verdad para sus conceptos del mundo» (Daniel Bell, 2000), como el de aquella política que entiende que «la actividad gubernamental consiste en controlar y organizar las actividades de los hombres a fin de lograr su perfección» (Michael Oakeshott).

Los fines del constitucionalismo son más modestos: fijar las reglas de juego, encauzar el debate público y canalizar los conflictos inherentes a cualquier sociedad y a la propia condición humana. Es dentro de este marco donde se podrán producir las posibles mejoras de ésta, y de la primera. De hecho, sin él no habrá progreso posible, sino confusión, convulsiones, saltos hacia atrás y retrocesos, que es en lo que acaban las revoluciones anticonstitucionales, incluidas las progresistas.

El necesario abandono de la materia ideológica no implica, o no debería hacerlo, el abandono de las ideas. Eso sería tanto como pensar que el imperio de la Constitución acaba con el pluralismo, siendo así que la Constitución es justamente la que permite la expresión, y la proyección política de éste. La Constitución, que destierra la dinámica amigo/enemigo, requiere la expresión pública de las divergencias: de hecho, parte de la constatación de su existencia irremediable. Al definir la nación política, el texto constitucional hace emerger el continente del bien común, aquello que todos los participantes —los ciudadanos— han de respetar y para cuyo progreso están invitados a comprometerse. Lo harán desde la diversidad de perspectivas, de intereses y de opiniones: diversidad irremediable, que la Constitución no anula, al tiempo que da forma y preserva lo más esencialmente humano, como es la naturaleza política del ser humano. Unidad en cuanto a la existencia de un bien común previo —aunque en cambio constante— y pluralismo en cuanto a la expresión de ese mismo bien común. Ésa es la política tal como la funda la Constitución.

Tal vez sea la idea de la política más ajustada a la naturaleza del ser humano. Lo es al menos en cuanto al espíritu mismo de la nación, síntesis de aquella que la Constitución funda y aquella otra sobre la que se funda la nueva: consenso —también intergeneracional e histórico, por así decirlo— y permanencia, pero también cambio, adaptación y, claro está, pluralismo.

Problemas (1). Los derechos

Una de las palabras clave es, claro está, *pluralismo*. Significa que cualquier opinión, cualquier perspectiva es aceptable siempre que se atenga y respete lo establecido en la Constitución. Ahora bien, la idea misma de Constitución ha variado en los últimos cien años, y con ella, sobre todo desde los años setenta del siglo pasado, también ha variado la idea de los derechos que las constituciones sancionan y garantizan. Efectivamente, desde la revolución social y cultural de aquellos años, el Estado, vía texto constitucional, se ha convertido en el responsable y el garante de todos los derechos que se atribuyen los ciudadanos o los grupos de nacionales.

El problema en este punto no es tanto la proliferación de derechos, inspirados muchos de ellos en la Declaración Universal de los Derechos Humanos de 1948, como la realidad de que los derechos han ido consolidándose —como era de esperar, por otra parte, dada su propia naturaleza— en elementos sustraídos a la acción política. La paradoja es que a medida que la política (o la ideología) ha ido invadiéndolo todo, hasta lo más íntimo del comportamiento de las personas, lo que hace algunos años era considerado objeto esencial de la política queda fuera del debate público, amparado bajo la marca del «derecho».

El terreno de la política se incrementa mientras el alcance de lo político se reduce: lo que era del terreno de lo privado se politiza, o se ideologiza, y lo que caía en el terreno de lo público, es decir, de lo político, se sustrae a la acción de la política. Se va imponiendo, casi por la fuerza de las cosas, como espontáneamente, una sociedad en la que los «derechos» han ido ocupando el lugar de lo político, y reduciendo por tanto la acción política, mientras que, al politizarse la vida que antes era privada, se generan más y más derechos y más demandas al Estado para que los garantice.

Se podría hablar de un populismo de los «derechos» que ha dado lugar, a su vez, en determinadas circunstancias y en algunos países —Francia, Estados Unidos, Italia— a una respuesta explosiva —en lo simbólico— que se esfuerza por anular, o al menos sortear, lo que siente como «tiranía de los derechos» apelando a una entidad superior, como es «el pueblo».

Problemas (2). El *pueblo* y los populismos

Otro problema es el de la disolución de la base misma que sostenía el orden constitucional y la vigencia de la propia Constitución. Este proceso de puesta en cuestión es particularmente visible en nuestro país, donde la palabra *España* —es decir la nación— ha venido siendo discutida desde tiempos de la crisis de 1998, cuando se dudó de su existencia como nación, hasta los tiempos de Rodríguez Zapatero, cuando el propio presidente del Gobierno (en 2004) afirmó en el Senado que la nación «es un concepto discutido y discutible».

El tono vagamente académico empleado por el presidente no impide que la afirmación reflejara una realidad política y tuviera, como no podía ser de otra manera, consecuencias igualmente políticas. El proceso que inició Rodríguez Zapatero es el de la desaparición de la vigencia de lo nacional en nuestro país. Julián Marías, cuando, al reflexionar sobre el sentido del término *nacionalidad* incluido en el texto constitucional, afirmó que «mi preocupación principal no afecta a las consecuencias que se van a derivar de esto para la nación española en su conjunto, sino muy particularmente para aquellas de sus partes que hagan uso político de este ambiguo, vago y desorientador término de nacionalidad». En un curso que Marías dio en el Instituto de España entre 1997 y 1998 —inspirado en *La España invertebrada* de Ortega—, precisó los términos del análisis: «La situación parece excelente, sin embargo existe una voluntad, minoritaria, parcial, muy deliberada, de desarticular la estructura nacional de España por diversos rencores, por intereses particulares, por afán de poder, por espíritu de Reino de Taifas, por lo que sea» (*La España posible*, 2016).

A medida que este objetivo se iba haciendo realidad en las políticas nacionalistas (Pujol articuló y dio a conocer su Programa 2000 de nacionalización de Cataluña, y consiguiente desarticulación de la nación española, en 1990), las fuerzas políticas nacionales y las élites intelectuales españolas iban abandonando la responsabilidad de articular una defensa de la defensa de la nación. Los socialistas pasaron de ser los nuevos nacionalistas españoles, como les llamó la prensa extranjera en 1982, a adoptar un federalismo que parece preconizar la disolución de la unidad actual, ficticia e inoperante, para construir un nuevo, y auténtico, cuerpo político a partir del pacto y la negociación entre sus partes (el modelo de la república federal de 1873 sigue vigente, al menos idealmente...). Por su parte, el centro-derecha acabó intentando asimilar, a finales de los años noventa, el concepto de patriotismo constitucional, que permite apartar todo lo que de problemático iba teniendo, y cada vez más, el concepto mismo de nación, que sufrió a lo largo de los cuarenta años de democracia un proceso de erosión permanente hasta llegar al (segundo) referéndum ilegal del 1 de octubre de 2017 en Cataluña.

No deja de ser curioso, o tal vez aclarador, la sorpresa que expresó el propio Habermas en una entrevista en un medio español al ser preguntado por la asimilación del patriotismo constitucional por parte del centro-derecha español: «No puedo imaginarme de ninguna manera por qué de pronto deba ser un concepto de derechas si por su origen es una idea de izquierdas, en tanto que se dirige contra la concepción nacionalista» (*El País*, 15-05-2003). En esta misma entrevista, el último francfortiano ponía de manifiesto, sin quererlo, la razón por la cual tal vez el concepto fue acogido con tanto entusiasmo en España, con el pesar de la izquierda o tal vez su alegría al comprobar que su marco había sido aceptado: «Si el patriotismo es un patriotismo que se orienta hacia los logros de la democracia, todos son patriotas [...] un auténtico patriotismo constitucional se dirige contra esas formas nacionales de patriotismo que rechazamos». Si el patriotismo se ciñe a la democracia, la nación se deshace en la medida en que queda desactivada una narrativa de los vínculos comunes y de pertenencia que, en cualquier caso, constituyen directa o indirectamente la propia comunidad política.

Sin embargo, este proceso de descrédito de la idea nacional no es exclusivo de España. Los procesos de «desterritorialización» —o de desarraigo— puestos en marcha por la globalización llevan a los individuos a una autonomía cada vez mayor, gracias a la cual la identidad queda definida en función de parámetros libremente elegidos. La nación, en consecuencia, pierde la preeminencia que antes le correspondía y se convierte (casi) en una elección. Por otra parte, el renacer de movimientos ideológicos empeñados en la deconstrucción de todo lo que hasta aquí se ha definido como «mayoritario», y la consiguiente relectura en clave crítica, o hipercrítica, de un pasado que, desde este punto de vista, sólo puede aparecer como basado en la desigualdad y la explotación, colocan a la nación en el centro del debate. Ninguna nación, en particular entre las grandes, ha quedado al margen de esta evolución, y el caso español es uno más entre los que se ha producido en las democracias liberales.

El vacío producido por la ofensiva ideológica, conjugada con el abandono del concepto de nación, lo llenan otras fórmulas políticas. La primera ha sido otra fórmula de nación, que poco tiene que ver con la «patria» preconizada por Argüelles en 1812.

Más bien supone y postula su destrucción. Es la nación de los nacionalistas, construida no sobre la integración y el pluralismo, sino sobre la exclusión y la elevación de unos cuantos rasgos culturales (la lengua, muy en particular) a elementos esenciales del concepto mismo de nación. Tal ha sido, como se temió Julián Marías, la evolución de las «nacionalidades» del texto constitucional español, abandonadas por los partidos nacionales e incluso, en buena medida, por el Estado, y parasitados por el nacionalismo hasta la hegemonía (País Vasco) o la división (Cataluña).

La otra es el *pueblo*, lo que se ha reflejado en el auge de los populismos que apelan a esa instancia que es, de por sí, la sustancia misma, eterna y soberana, de la comunidad política nacional. En España, donde el concepto de lo nacional está tan desacreditado, el «pueblo» ha sido más que en ningún otro país ese significante vacío teorizado por el populismo posmoderno de izquierdas de Ernesto Laclau y sus seguidores. En consecuencia, aquí se ha intentado elaborar un populismo sin nacionalidad, condenado, como era de prever, al fracaso o a la relativa marginación.

El poco éxito en el terreno partidista no significa que este populismo no tenga consecuencias: en la izquierda, ha permitido la revitalización de la izquierda tradicional, que ha asumido parte de sus propuestas demagógicas. Y en cuanto a la cuestión nacional, se ha alineado, a veces con ambigüedad, pero incluso en estos casos no sin eficacia, con los nacionalismos. (Como es clásico en la izquierda española, la única nación tabú para el populismo español es la española y el español es el único nacionalismo prohibido.)

En otros países, en cambio, el populismo, sin los escrúpulos y los prejuicios antinacionales propios de los populistas españoles, se ha convertido en una fuerza política, en muchos casos de primer orden, y con un papel importante en la recuperación del concepto nacional. Sin embargo, el populismo —como ocurrió antes en el debate que opuso soberanía nacional a soberanía popular— tiende por su propia naturaleza, antiintelectual, desconfiado de los cuerpos intermedios y de la división de poderes, a adelantar un concepto de nación distinto al de la nación constitucional —o liberal.

Así que las políticas antinacionales, o que excluyen a la nación de la política, generan situaciones en las que surgen políticas que acaban poniendo en cuestión el propio marco constitucional. Una de las formas de defenderlo, y de promocionarlo, será por tanto insistir en la dimensión nacional de la acción política: dimensión nacional encaminada a afianzar los fundamentos del orden constitucional mismo.

No hay *una* política nacional, como no hay una sola *política constitucional*, pero sí se puede decir que hay políticas que, además de respetarlo, contribuyen a consolidar el orden constitucional, y que entre ellas se cuentan, muy principalmente, las políticas encaminadas a la solidez de la nación y la vigencia de la idea en los ciudadanos —un concepto, el de ciudadanía, que tampoco tiene demasiado sentido fuera del marco nacional y constitucional.

La última de las paradojas del vaciamiento de lo nacional y del retranqueamiento de lo político a lo constitucional es el retorno de aquello que en algún momento, en el siglo pasado, se consideró superado, como son las ideologías. Vuelven en su peor aspecto de sustitución y evacuación, por censura, de cualquier idea o posición contraria a sus presuntas evidencias. Y también en ese caso, la posible respuesta no consiste en un supuesto «mínimo denominador común» marcado por la Constitución, algo que no existe, sino en poner de relieve lo que la Constitución suscita, que es el pluralismo y la diferencia de opiniones y de puntos de vista. Volver a colocar, por tanto, las ideas en el lugar que les corresponde, y más en una sociedad de la información, en la que los ciudadanos se informan por su cuenta y tienen acceso ilimitado al conocimiento, y consideran un derecho —difícilmente discutible, por lo demás— el hecho mismo del debate o la conversación pública. Pero ello, además, no puede realizarse sin una agenda encaminada al fortalecimiento y la preservación de las instituciones y sus formas. Lo básico, y por ello sustancial, está en entredicho. Y no por su inutilidad, sino por la poca utilidad de las instituciones que transmiten a los españoles quienes deben velar por su sacralidad, que no es otra que el respeto por el procedimiento.

9

¿Qué nos está pasando? ¿Corren peligro nuestras libertades?

Eduardo Fernández Luiña
Director ejecutivo del Instituto Juan de Mariana y profesor en la Universidad Francisco Marroquín, sede Madrid

Introducción

España ha sufrido en la última década la crisis económica más importante de su historia democrática. En poco menos de diez años, un notable porcentaje de la estructura productiva de nuestro país ha quebrado, lo que ha elevado el porcentaje de desempleo por encima del 20 por ciento y ha afectado a un amplio abanico de la población española.

A día de hoy, todavía podemos observar los efectos de la crisis. Por ejemplo, en un elevado nivel de deuda pública (rozando el ciento por ciento del PIB) o desafortunadamente en el todavía muy alto nivel de desempleo (por encima del 10 por ciento en este momento). Pero al margen de las cuestiones económicas y sociales, la crisis ha provocado también una revolución en la estructura de la competición política.

El sistema político español, otrora un ejemplo de estabilidad gracias a su bipartidismo imperfecto, se ha fragmentado incluyendo en la dinámica de competición a más actores. En algo más de cinco años han aparecido en el ruedo político tres nuevas organizaciones con cuotas de poder por encima del 10 por ciento del voto válido emitido a nivel nacional.

La elevada fragmentación ha producido que pasemos de dos a cinco partidos relevantes. Además del Partido Popular (PP) y del Partido Socialista Obrero Español (PSOE), han surgido organizaciones como Ciudadanos, Unidas Podemos y, en los últimos meses de 2018 y durante 2019, el partido político Vox. Este último ya existía, aunque no había obtenido cuotas significativas de poder. Ha sido fruto del magnífico resultado obtenido en Andalucía que Vox, la formación liderada por Santiago Abascal, ha irrumpido con fuerza en la política nacional. La citada organización ha obtenido el 15 por ciento de los votos válidos emitidos, logrando 52 diputados en el Congreso. Sin lugar a dudas, Vox se convertirá en un actor relevante en el sistema político español y en un ingrediente más de la citada fragmentación.

En determinadas ocasiones, la fragmentación se asocia con la polarización. Es decir, determinada literatura indica que al aumentar el número de partidos relevantes, es muy probable que la distancia ideológica entre los mismos (y sus votantes) también aumente. Si lo anterior tiene lugar, el escenario se vuelve potencialmente peligroso para la estabilidad sistémica de la democracia.

El tema no es nuevo porque la situación que vive España no es excepcional. Es decir, la crisis ha afectado gravemente a varios países (de nuestro entorno y ajenos al mismo) y por ello la frustración con la democracia no ha dejado de crecer. Existe un sinfín de literatura comprometida con explicar la crisis que vive la democracia liberal en nuestros días (ver Mounk, 2018; Levistsky, 2018; Diamond; 2015, etcétera.).

Por tanto, preguntarse qué razones explican la crisis resulta de gran relevancia en estos momentos. La motivación principal para hallar una respuesta es evitar las tensiones autoritarias que se observan en varios países de nuestro entorno. Son muchos los académicos, comunicadores y actores políticos que han vinculado este tipo de fenómenos (fragmentación y polarización) con el autoritarismo y el surgimiento del populismo. Y es ahí donde la pregunta para España parece inevitable: ¿puede la elevada fragmentación de nuestro sistema abrir un espacio para el triunfo populista? Y si es así, ¿corren riesgo nuestras libertades?

Sobre todo esto reflexionará el capítulo que el lector tiene entre sus manos. La idea es presentar una serie de elementos teóricos y, al mismo tiempo, observar la evolución del sistema político español desde el año 2000. Todo, con el objetivo de responder a las preguntas realizadas líneas atrás. ¿De verdad están en riesgo nuestros derechos y libertades como individuos?

Para hacer frente a esta cuestión, dedicaremos una primera parte a los elementos teóricos y conceptuales. ¿Qué es el populismo? ¿Por qué es peligroso para la libertad de todos y cada uno de los españoles?

Posteriormente, ofreceremos un espacio dedicado al análisis y estudio de la evolución del sistema político español. En este apartado, mostraremos la dimensión de la fragmentación existente en España y la relevancia de la misma a la hora de proteger o destruir las libertades de la ciudadanía.

El tercero de los apartados irá dirigido a un análisis muy general de indicadores vinculados a la calidad institucional y democrática. La democracia española es —a pesar de lo que muchos se empeñan en decir— de elevada calidad y no es menor presentar y mostrar los elementos que evidencian dicha afirmación.

Por último, pero no menos importante, dedicamos una reflexión de naturaleza teórica y prospectiva al futuro de España y su estructura de libertades. El trabajo finaliza con un apartado de conclusiones a modo de recapitulación.

La amenaza populista. ¿Sufre España una amenaza populista?

La última década ha sido muy dura para la sociedad española. La crisis económica que se desencadenó a partir de 2008 dejó a muchas personas en una situación complicada y eso abrió, como ha ocurrido en otros países, una ventana de oportunidad para el populismo.

El gráfico 1 evidencia la evolución del desempleo durante los últimos cuarenta años y cómo el mismo sube dramáticamente desde el año 2011 hasta mediados del año 2015.

Gráfico 1. Evolución del desempleo en España 1975-2015

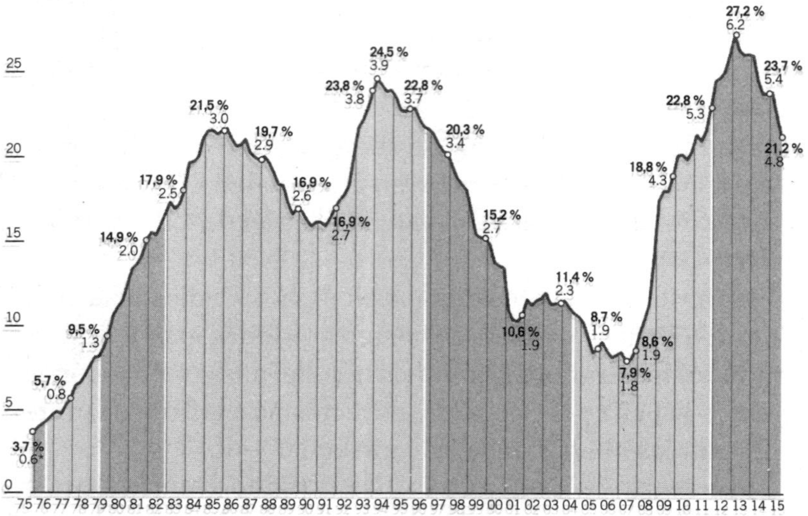

Fuente: Yolanda Clemente, «Evolución del desempleo (1975-2015)». *El País*, 20 de noviembre 2015.

Como era previsible, el desempleo ha provocado un aumento en la frustración y en la cultura de protesta de los españoles. Y, obviamente, esto ha sido capitalizado por determinados líderes para saltar a la palestra política y comenzar a competir en la política formal.

Las crisis han sido —históricamente— ventanas de oportunidad para el nacimiento y desarrollo de movimientos populistas. Y los populistas han intentado siempre sacar provecho del descontento (ver Gratius, 2007; Rupnik, 2007). Sin embargo, el concepto *populismo* ha sido utilizado por comunicadores y periodistas de manera muchas veces irresponsable. Dicha laxitud en el uso del término ha provocado que todo pueda ser considerado potencialmente populista.

En su momento, desde el Instituto Juan de Mariana publicamos un texto que pretendía servir de guía ciudadana. El objetivo era orientar a los individuos y hacerles llegar una serie de consejos para identificar (antes de que sea demasiado tarde) a los populistas liberticidas. Aunque desde determinadas perspectivas liberales el populismo ha sido considerado como algo bueno y necesario (ver Rothbard, 1992), un régimen populista (tanto de derechas como de izquierdas) parece poco deseable si lo que se busca es la protección de la estructura de derechos y libertades individuales.

En países como Hungría, las libertades individuales no están pasando por buenos momentos. Obviamente, la situación es mucho peor en las naciones regidas por Gobiernos de extrema izquierda, como Nicaragua o Venezuela.

Con el objetivo de aportar luz sobre el fenómeno y ser al mismo tiempo lo más pedagógicos y didácticos posible, nuestro trabajo distinguirá entre retórica populista y régimen populista (Fernández Luiña, 2016). En un primer momento, no parece errado señalar que los políticos utilizan mayoritariamente una retórica populista. Es decir, muchos de los agentes con capacidad para tomar decisiones hablan y ofrecen a la población más servicios y políticas públicas de las que honradamente pueden conseguir. Ofrecer es gratis y obviamente el político desea maximizar el número de votos obtenidos. Por ello, en función de en qué ambiente se encuentren, los actores políticos de todos los colores ideológicos adaptarán su discurso para capitalizar el mayor número de votos y así hacer posible su deseo: acceder a una mayor cuota de poder.

Sin embargo, y aunque pueda parecer que todos los políticos son iguales, nada se encuentra más alejado de la realidad. No todos los políticos son iguales y unos son menos dañinos que otros para la libertad. Es ahí donde nuestra guía deseaba ser lo más formativa posible. ¿Cómo detectar la llegada de un personaje como Hugo Chávez antes de que concentre el poder y sea demasiado tarde? ¿Cómo evitar la formación de un régimen populista?

Revisando literatura especializada (ver Minogue, 1969; Canovan, 1981; Kaiser y Álvarez, 2016, etc.) observamos que la lógica populista aprovecha una ventana de oportunidad con ánimo de obtener el poder e ir progresivamente concentrándolo. La figura número 1 describe adecuadamente dicho proceso. El populista aprovecha una crisis (real o ficticia, edificada gracias a la publicidad y a la captura de determinados medios) y se vale de la inestabilidad provocada por la misma para ocupar posiciones de poder y ganar la legitimidad suficiente con el objetivo de modificar la arquitectura institucional vigente y concentrar poder en el ámbito ejecutivo.

Si consigue lo anterior, el camino hacia el autoritarismo (Levitsky, 2010) —competitivo o no— está servido. Para lograr sus objetivos, el populista irá progresiva pero constantemente limitando los espacios de libertad individual. Comenzando, como no podía ser de otra forma, por las libertades de mayor impacto en el juego político: por ejemplo, la expresión o la asociación.

Ahora bien, ¿cómo identificar al liberticida? Existen tres elementos que nos orientan y que sin duda deberían despertar nuestras alarmas como ciudadanos a la hora de identificar una amenaza populista:

- La existencia de un líder carismático.
- La existencia de un discurso que fusione la imagen del líder con el abstracto colectivo (llámese pueblo o gente).
- Y un discurso «polarizante» que más que unir, contribuya a la desintegración, divida.

Si observamos esas tres características en un líder (y en la narrativa de su organización política), nuestras alarmas deberían saltar, pues parece que ahí se refugia un potencial populista con un proyecto de concentración y centralización de poder que puede acabar con nuestras libertades.

La cuestión relevante es si identificamos a este tipo de actor liberticida en el entorno político español. Y parece que, definitivamente, Pablo Iglesias y su formación Unidas Podemos encajan en el arquetipo presentado.

En este momento, la mayor amenaza para la estabilidad nacional proviene, en el ámbito español, de la formación morada Unidas Podemos, pues son muchos los puntos en su agenda política que restringen la estructura de libertades individuales.

Pero además de una amenaza populista nacional —representada como hemos señalado en Unidas Podemos—, la crisis ha despertado la cara más liberticida e integrista del nacionalis-

Figura 1. La lógica populista

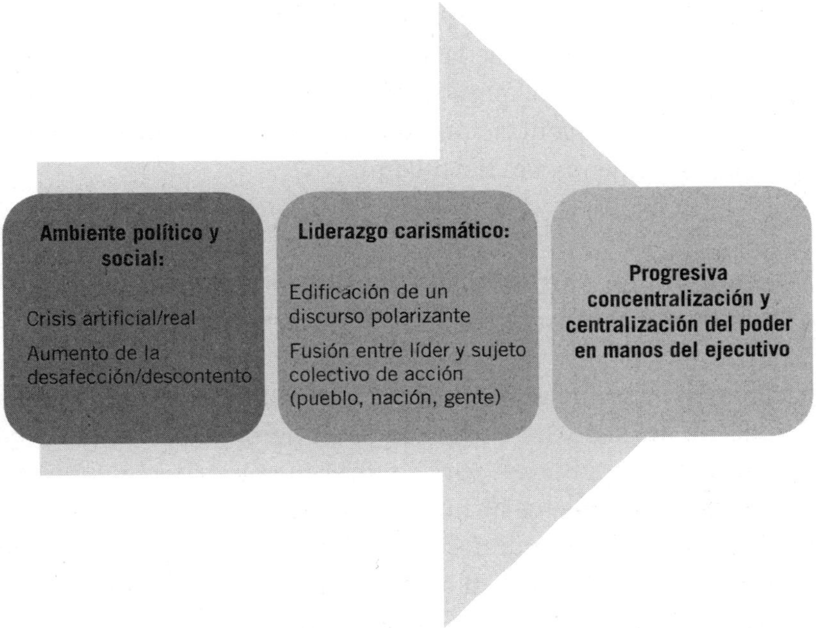

Fuente: Eduardo Fernández Luiña, «Populismo y globalización», *Administración y Ciudadanía,* 12, 2 (2017), p. 296.

mo catalán. La tensión nacionalista se ha radicalizado a partir del año 2012 y la amenaza para la estructura de derechos y libertades de los españoles que residen en esa parte del país está, desafortunadamente, fuera de toda duda.

La coalición JxCat (Junts per Catalunya), Esquerra Republicana de Catalunya (ERC) y sobremanera la Candidatura d'Unitat Popular (CUP) han contribuido a una división de la sociedad catalana nunca antes conocida. Son ellos los que deciden quién es catalán y quién no. Son ellos los que miran los apellidos con ánimo de identificar a potenciales enemigos. Son ellos los que a través de la imposición lingüística evidencian el poco respeto que poseen por la propiedad pública y privada (violada siempre y cuando el afectado sea considerado un enemigo de su causa) y la estructura de derechos individuales de aquellos ciudadanos que se sienten sencillamente tan catalanes como españoles.

Sin lugar a dudas es en estas formaciones donde se encuentra la mayor amenaza a nuestras libertades.

Ahora bien, a pesar de la amenaza existente, el análisis empírico evidencia que lo que se está produciendo en España no es un proceso de concentración de poder, sino un proceso de dispersión y fragmentación del mismo.

El modelo de competición español: de la concentración a la fragmentación extrema del poder

Anthony Downs fue uno de los grandes politólogos en la segunda década del siglo XX. Sus trabajos sirvieron —desde un enfoque de elección pública— para conocer mejor el funcionamiento y las virtudes y defectos de nuestros sistemas democráticos.

En uno de sus más famosos estudios, titulado «An economic theory of political action in a democracy» (1957), el autor estadounidense señalaba que existían tres modelos de competición político-electoral. La figura dos resume adecuadamente los modelos sobre los cuales reflexiona Anthony Downs.

El primero de los mismos se conoce como modelo unimodal. En él, las organizaciones políticas (los partidos) desean ocupar el centro con ánimo de ganar la batalla política. Es un modelo de gran estabilidad y que, como se puede suponer, conduce a la moderación y facilita el logro de acuerdos.

El modelo dos, el menos deseable, es el denominado bimodal. Como la evidencia sugiere, en dicho modelo se gana yendo hacia los extremos, proponiendo un discurso radical que contribuye a una mayor polarización ideológica en el interior del país.

Por último, pero no menos importante, damos cuenta del modelo número 3 de competición electoral: el modelo multimodal. En dicho modelo, y como el propio Anthony Downs insinúa, cada partido intenta ocupar un espacio sin moverse. En este tercer modelo, los movimientos generan inestabilidad y cualquier corrimiento puede contribuir a una pérdida de votos de los partidos relevantes al interior del sistema.

Figura 2. Lógicas de competición electoral basadas en la obra de Anthony Downs

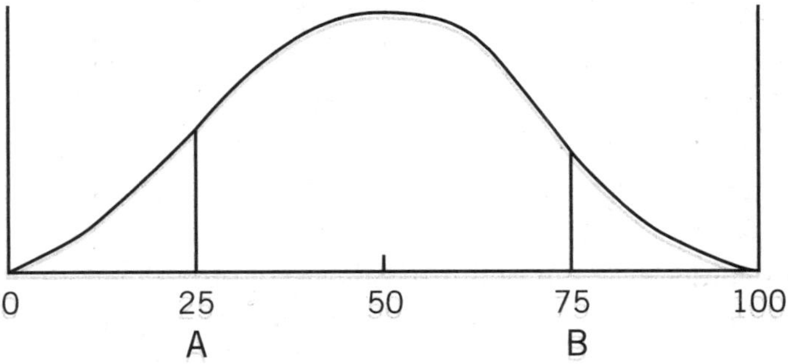

Fig. 1

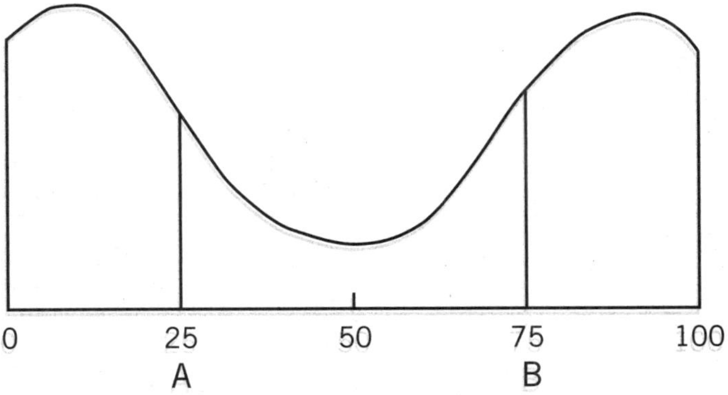

Fig. 2

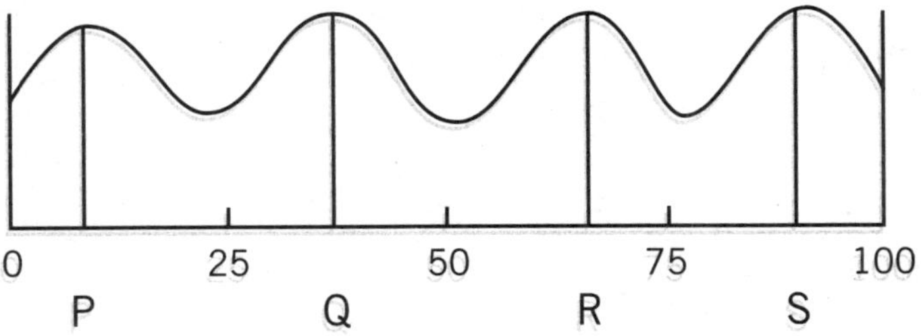

Fig. 3

Fuente: Anthony Downs, «An economic theory of political action in a democracy», *The Journal of Political Economy*, 65, 2 (1957), p. 143.

Como se puede comprobar en la evolución del sistema político español, parece que transitamos de un bipartidismo imperfecto (Partido Popular [PP] - Partido Socialista Obrero Español [PSOE]), sistema que marcó el devenir español durante más de dos décadas, a un multipartidismo extremo marcado por la existencia de —mínimo— cinco partidos relevantes. Entre ellos encontramos, además de los dos citados, a Ciudadanos, Unidas Podemos y en los últimos meses a Vox.

La evolución hacia una dinámica de competición multimodal es evidente. La tabla 1 muestra la progresiva pérdida de poder (porcentaje de voto válido recibido) de los partidos que han servido de sustento al sistema durante los últimos cuarenta años. Como se puede observar, en menos de veinte años la pérdida de poder (y obviamente de intención de voto) es evidente.

Tabla 1. Evolución de la cuota de poder en porcentaje de votos válidos emitidos de los principales partidos políticos en España

	Partidos	**Porcentaje de votos**
VII Legislatura (2000)	Partido Popular (PP)	44,52
	Partido Socialista (PSOE)	34,16
	Izquierda Unida (IU)	5,45
	Convergencia i Unió (CIU)	4,19
VIII Legislatura (2004)	Partido Socialista (PSOE)	42,59
	Partido Popular (PP)	37,71
	Izquierda Unida (IU)	4,96
	Convergencia i Unió (CIU)	3,23
IX Legislatura (2008)	Partido Socialista (PSOE)	43,86
	Partido Popular (PP)	39,93
	Izquierda Unida (IU)	3,77
	Convergencia i Unió (CIU)	3,03
X Legislatura (2011)	Partido Popular (PP)	44,63
	Partido Socialista (PSOE)	28,76
	Izquierda Unida - Los verdes (IU - LV)	6,92
	Unión Progreso y Democracia (UPYD)	4,70
	CIU	4,17

	Partidos	Porcentaje de votos
XI Legislatura (2015)	Partido Popular (PP)	28,71
	Partido Socialista (PSOE)	22,00
	Ciudadanos (C's)	13,94
	Podemos	12,69
	En Comú Podem	3,69
	Izquierda Unida (IU) - Unidad Popular	3,68
XII Legislatura (2016)	Partido Popular (PP)	33,01
	Partido Socialista (PSOE)	22,63
	Unidas Podemos - En Comú Podem - Compromís - En Marea	21,15
	Ciudadanos (C's)	13,06
XIII Legislatura (2019)	Partido Socialista (PSOE)	28,07
	Partido Popular (PP)	16,70
	Ciudadanos (C's)	15,90
	Unidas Podemos (UP)	14,30
	Vox	10,30

Fuente: elaboración propia

Las dos principales fuerzas políticas (PP y PSOE) han pasado de aglutinar entre ambas el 78,68 por ciento de los votos (casi el 80 por ciento) a caer hasta el 44,77 por ciento... Una pérdida de más de treinta puntos (concretamente 33,91 por ciento) que ha dado espacio para que nuevas formaciones ocupen un lugar de relevancia. Especialmente Ciudadanos, Unidas Podemos y a partir de ahora Vox.

¿Qué explica esta situación? Son varias las razones, pero sin duda podemos asumir dos que han sido documentadas por la literatura producida desde la ciencia política. De un lado, y como no podía ser de otra forma, la crisis económica. La crisis ha puesto al Estado del Bienestar contra las cuerdas y lo anterior no ha dejado de contribuir a la desafección (y frustración con la democracia). Como indicábamos en la introducción de este trabajo, ha sido una corriente no sólo española, sino europea y estadounidense (Mounk, 2018; Diamond y Plattner, 2015, Levitsky y Ziblatt, 2018, etc.).

Además de la crisis económica, otra variable muy relevante ha sido la corrupción (Torcal y Christmann, 2017). Los casos (escándalos) de corrupción descubiertos y juzgados tanto al PSOE como al PP han favorecido su pérdida de votos, pero también han contribuido a la erosión de la confianza que la ciudadanía tiene en las instituciones.

La figura número 3 muestra cómo a pesar de la recuperación económica —en este momento también en riesgo— que se empieza a vivir a partir del año 2014, las cifras de satisfacción con la democracia (y por tanto de confianza en las instituciones) no dejan de bajar. Desafortunadamente.

Figura 3. Evolución de variables de cultura política en España

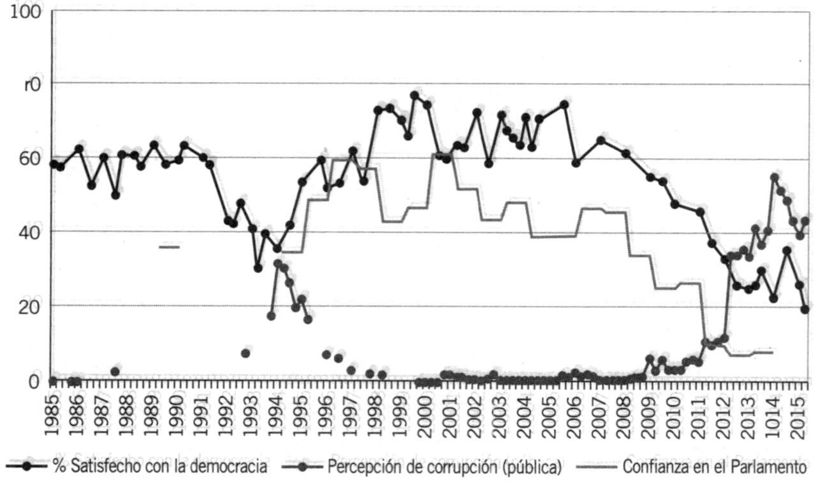

Fuente: Mariano Torcal y Pablo Christtmann, «The Political and Economic Causes of Satisfaction in Spain – a Two fold Panel Study». *West European Politics* (25 de abril de 2017), p. 1246.

Todo lo anterior influye en la confianza, pues los ciudadanos progresivamente buscarán opciones fuera de los partidos tradicionales (como ya lo han hecho). Además, a medida que surgen nuevos partidos, puede aumentar la polarización y, nuevamente, la peor parada es la confianza entre los ciudadanos y de éstos hacia las instituciones (Torcal y Martini, 2013, p. 350). Aun así, y a pesar de los riesgos —que siempre están presentes y con los que debemos aprender a convivir—, nuestro país disfruta todavía de una adecuada salud democrática. Lo único realmente grave e importante para la estabilidad del sistema es la situación que se vive en Cataluña.

Lo que estamos viendo en el sistema político español es un aumento de la fragmentación (del poder se supone) y no un proceso de concentración. Debemos ser conscientes de que es esto último lo verdaderamente peligroso para la estructura de derechos y libertades de los ciudadanos. Como decía ya en el siglo XIX el gran filósofo liberal Lord Acton: «El poder corrompe y el poder absoluto corrompe absolutamente». Lo que observamos en la España contemporánea es una quizá excesiva división del poder político, pero no un proceso de concentración. Y lo anterior conducirá, como no puede ser de otra forma, a la formación de coaliciones postelectorales.

Ahora bien, dichas coaliciones son costosas —en términos de negociación— y difícilmente controlables. Por tanto, podemos concluir que la fragmentación contribuye (a pesar de la lógica de coalición) a elevar los costes a la hora de acomodar intereses y agendas políticas. Como hemos señalado, el actual escenario divide el poder, no lo concentra. Si el poder estuviese concentrado, las decisiones se tomarían de forma rápida y a través de un solo partido.

La fragmentación excesiva puede generar (si se observan dificultades en la negociación) problemas vinculados a la gobernabilidad y la toma de decisiones. Ahora bien, siempre que no se abuse de los conocidos «decretazos», muy utilizados por el presidente Pedro Sánchez, difícilmente podemos afirmar que la evidencia sugiere un aumento de la incertidumbre sobre la protección de nuestra estructura de derechos y libertades.

Lo anterior queda corroborado cuando vamos a los índices. Definitivamente, y a pesar de lo que muchos individuos promueven por redes sociales y en algunos medios de comunicación, nuestra democracia sigue disfrutando de unos niveles de calidad envidiables en el escenario global.

La calidad de la democracia española

El 24 de febrero del año 2019, la prestigiosa firma *Bloomberg* publicaba la clasificación de los países más saludables a nivel mundial. España apareció en un primer lugar con una nota sobre 100 de 96,52 puntos. Definitivamente, el resultado, aunque agradable, no fue ninguna sorpresa, pues nuestro país lleva posicionado entre los diez primeros a nivel global desde hace más de una década.

España es un gran país. Y eso a pesar de que muchos individuos a un lado y otro del espectro ideológico (pero sobre todo en la izquierda) se empeñan en decir lo contrario. Nuestra nación posee una elevada renta (siempre en perspectiva comparada con el resto de países a nivel mundial) y la calidad de vida de la mayor parte de la ciudadanía es más que aceptable. Los indicadores de salud, educación y esperanza de vida se encuentran entre los más altos en la escena mundial.

Todo lo anterior queda registrado en infinidad de índices y rankings producidos por organismos de naturaleza pública y privada. Pero además de las cuestiones sociales, España destaca por su elevada calidad institucional y democrática. Nuestro país se encuentra entre las mejores democracias del planeta. A finales del pasado año, el autor de este trabajo tuvo la oportunidad de participar en una publicación realizada por la Fundación para el Análisis y los Estudios Sociales (FAES) con motivo de los cuarenta años de nuestra Constitución (2019). Fruto del citado proyecto de investigación, se llevó a cabo una profunda revisión bibliográfica de los principales índices y publicaciones dedicados a comparar el rendimiento y la calidad de las democracias.

España se encuentra posicionada entre las veinte mejores democracias. Da igual si miramos el índice producido por el famoso semanario británico *The Economist* (2018) o si consultamos la publicación realizada por el *think tank* austríaco Global Democracy Ranking (2016). La conclusión es siempre que España posee una democracia con una elevada calidad institucional.

Lo anterior es de gran relevancia. No hay deporte más español que criticar a España. Pero cuando hablamos con datos en la mano, cuando observamos la evolución de nuestro país en los últimos cuarenta años, son pocas las naciones que superan un avance tan espectacular como el nuestro.

Sin lugar a dudas, en España ha tenido lugar un milagro económico y social. Y como en su momento afirmamos en el artículo publicado por FAES (2019), lo anterior se ha logrado gracias a la Constitución y a la calidad de nuestras instituciones. No a pesar de las mismas. Esta optimista afirmación no es expresión de conformismo. ¿Pudo haber sido mejor? Por supuesto. Nuestro tiempo está plagado de retos y de problemas. Existen, están presentes y afectan a la vida cotidiana de millones de españoles cada día. Pero evaluar los retos a los que se enfrenta nuestro país sin tener en cuenta los logros es injusto y terriblemente distorsionador.

Hay que superar varias dificultades. Algunas de las más importantes están vinculadas al mundo del empleo y la economía: dicha agenda es clave a la hora de aportar legitimidad al sistema. También se debería enfrentar con claridad y sin ningún tipo de tapujos o cortapisas la corrupción existente en todas las formaciones políticas. No se puede ganar legitimidad cuando han venido explotando, un día sí y otro también, casos de corrupción en todos los niveles de gobierno.

Por último, y también a nivel estructural (Dahlstrom y Lapuente Gine, 2018), parece de gran importancia reformular nuestra concepción de la Administración Pública. Innovar en ese sentido es clave para mejorar el funcionamiento del Estado y generar contrapoderes que se enfrenten a los tomadores de decisión. Los aportes, gracias a su trabajo *Organizando el Leviatán* (2018), de Carl Dahlstrom y Víctor Lapuente Giné pueden ser de gran ayuda. Pero también existen otros proyectos realizados por autores extranjeros que orientarían en los debates existentes sobre niveles de gobierno y descentralización (Somin, 2013) o sobre tensiones centro-periferia y federalismo fiscal (Buchanan, 1950).

A modo de conclusión, sin embargo, deberíamos tener presente lo señalado hasta el momento. La calidad democrática de nuestro país está fuera de toda duda y debería ser necesario comenzar a construir a partir de ahí y no con discursos destructivos que más que contribuir a solucionar los problemas existentes, favorecen lo contrario.

En el último quinquenio, el problema catalán ha distorsionado aún más nuestra idea acerca del Estado y de la calidad institucional española. Han sido muchísimos los artículos de opinión y los informes que han hablado mal de nuestro Poder Judicial y de la salud del Estado de derecho. Pero una vez más, en total concordancia con lo expuesto hasta el momento, los datos hablan por sí mismos. España aparece en la posición veintiuno del *Rule of Law Index*, gestionado desde el World Justice Project, uno de los índices más prestigiosos a la hora de medir la calidad de la justicia a lo largo y ancho del planeta.

No debemos olvidar aquello que representan las fuerzas políticas catalanas (especialmente la CUP, PDeCat y Esquerra). Su identidad populista, liberticida y comunitarista debería preocuparnos y ponernos en alerta. En caso de lograr sus objetivos e independizarse, aquellos individuos que se sintiesen españoles sufrirían una marginación inusitada, tanto en la esfera pública (*de facto* algunos ya la sufren) como en la esfera privada. Esto, el problema con los partidos, no parece replicarse cuando se analiza la sociedad. Y eso a pesar de la polarización imperante.

En la actualidad existen *think tanks* y organizaciones que contribuyen al debate de manera constructiva a pesar de sus líneas de pensamiento soberanistas. El problema no son las ideas. El problema es la obsesión por concentrar y centralizar poder en la autonomía erosionando con ello la división de poderes. El problema es invadir la propiedad de aquellos que desean hablar y utilizar el español en su vida cotidiana. El problema es pensar que la comunidad importa más que la estructura de derechos y libertades de los individuos que la componen.

Probablemente, como hemos señalado en el primer apartado de este breve trabajo, la mayor amenaza a nuestros derechos y libertades provenga a día de hoy del independentismo político catalán y de Unidas Podemos. Los Comités de Defensa de la República (protegidos y promovidos desde instancias políticas catalanas) son una verdadera amenaza a la libertad y a la democracia. También las asociaciones establecidas por algunas élites de Unidas Podemos con regímenes de dudosa legitimidad. Si esos son sus socios, no cuesta imaginar a dónde nos llevarían sus políticas.

Ha costado mucho esfuerzo, muchos recursos y mucho tiempo lograr la calidad democrática e institucional que disfruta nuestro país a día de hoy. Gracias a ella, gozamos de un conjunto de libertades individuales de gran valor para la ciudadanía. Con ánimo de presentar una conclusión prospectiva, podemos afirmar que a pesar de las amenazas, las citadas libertades (salvo nuevamente la de aquellos ciudadanos que comparten el sentimiento español en Cataluña) no parecen estar en riesgo, pues el sistema avanza hacia la fragmentación y no hacia la concentración de poder.

Sin embargo, debemos estar vigilantes y siempre atentos, pues las amenazas a la libertad y a la calidad de nuestras instituciones son muchas y muy variadas. La obligación moral y política de aquellas organizaciones y personas que creen en el individuo y en su estructura de derechos y libertades está claramente delimitada: vigilar constantemente y denunciar los ataques liberticidas.

Como se suele decir *freedom is not free* («la libertad no sale gratis»). O, en una frase atribuida al irlandés John Philpot Curran: «*The condition upon which God hath given Liberty to man is eternal vigilance*».

Conclusiones

El presente artículo ha pretendido tres cosas. De un lado, mostrar los riesgos políticos que sufre nuestro sistema por la presencia del fenómeno populista. Por otro, describir la evolución que el sistema de partidos español ha vivido a lo largo de los últimos ocho años. Por último, pero no menos importante, retratar el ambiente actual y la salud institucional española, siendo consciente de sus fortalezas y de los retos que el sistema enfrenta a futuro.

Sobre la primera de las cuestiones... La amenaza populista es real y efectivamente representa un riesgo para la estabilidad de nuestra estructura de derechos y libertades individuales. Las crisis suelen ser capitalizadas por los populistas que desean sólo una cosa: concentrar poder en el ejecutivo para progresivamente avanzar hacia el autoritarismo (sea éste competitivo o no).

En el actual sistema político, existen dos grandes amenazas populistas: el partido político Unidas Podemos, vinculado al denominado socialismo del siglo XXI. Por otro lado, algunas organizaciones nacionalistas catalanas (especialmente JxCat, ERC y CUP) buscan la consolidación de un movimiento secesionista de marcado carácter xenófobo y comunitarista (iliberal).

En las páginas anteriores, indicábamos que para que un movimiento populista triunfe se necesita un claro proceso de concentración y centralización del poder político. ¿Es esto lo que se está viendo en España? La respuesta es no. Nuestro sistema avanza hacia la fragmentación y no hacia la concentración del poder político. Hace apenas diez años, PP y PSOE concentraban casi el 80 por ciento de los votos válidos emitidos. A día de hoy, entre ambos no llegan al 50 por ciento del voto válido emitido.

Por tanto, queda clara una primera conclusión: los populistas concentran poder. Y aunque son muchos los actores liberticidas que compiten en el sistema político español, la situación en nuestro país es la contraria. Los actores tradicionales pierden poder y los nuevos tienen serias dificultades para obtenerlo. Hay una elevada fragmentación que permea el día a día de nuestro sistema. Como se ha indicado a lo largo del texto, lo anterior representa un reto para la gobernabilidad del país, pero es positivo si hablamos de división de poderes y mecanismos formales e informales de fiscalización. Más competencia y probablemente una mayor protección de las libertades de las que ya disfrutamos.

En España, la calidad institucional y democrática sigue siendo alta a pesar de los problemas y a pesar de la crisis. Nuestra democracia se encuentra muy bien posicionada a nivel global y obviamente no parece que en el corto plazo se vaya a revertir dicha situación.

Los retos y desafíos que el sistema posee son muchos, pero no deberíamos construir sin ser conscientes de los logros ya obtenidos. Durante los últimos cuarenta años, España ha sido capaz de edificar un gran país. Sus indicadores humanos, sociales e institucionales así lo evidencian. Y esto, la existencia de una sociedad occidental avanzada, debería seguir siendo la situación para las generaciones futuras.

Por tanto, debemos seguir discutiendo, reflexionando e ideando soluciones a los problemas que nos aquejan. Pero siendo conscientes de que el camino hasta aquí ha sido fructífero. España y los españoles somos uno de los pueblos más libres y abiertos del planeta. Debemos profundizar en esa línea con ánimo de favorecer el desarrollo de una sociedad más abierta y más libre. Las generaciones futuras se merecen que nos preocupemos de su libertad.

10

Imperfecta pero necesaria: la crisis de la democracia liberal

José González Portero
Becario en el Centro de Análisis y Prospectiva de la Guardia Civil y exayudante de investigación en el Instituto Español de Estudios Estratégicos (IEEE)

Javier Martín Merchán
Miembro del grupo de investigación sobre «Desinformación y calidad de la democracia» de la Universidad Pontificia Comillas de Madrid (UPCO/ICADE), exayudante de investigación en el Real Instituto Elcano y exbecario de la Fundación FAES

Asunción Taboada
Miembro de la Cátedra Martín Patino de la Cultura del Encuentro (Universidad Pontificia Comillas) y exayudante de investigación en el Instituto Español de Estudios Estratégicos (IEEE)

Cuando empleamos la palabra *fracaso*, independientemente de los factores que intervengan en el contexto, estamos aludiendo a unas expectativas previas que no se han cumplido. Extrapolando esta peculiaridad inherente al término al campo de estudio, la democracia liberal, procede indagar en esta esperanza fallida. ¿Por qué hablamos de fracaso? ¿Qué esperábamos entonces? Quizá una posible respuesta la encontremos en el carácter insaciable del deseo humano, un carácter que el sistema liberal alimenta y que, al mismo tiempo, engulle al propio sistema. Tomemos la metáfora del «sueño americano» a modo ilustrativo para ver a qué nos referimos. Un sueño es una meta o un objetivo. En éste, el sueño alude de manera general a la realización del potencial individual.

El matiz, por otra parte, alude al sistema que ampara, potencia y encarna la realización de ese objetivo, el estadounidense, es decir, la democracia liberal.

La lectura que se deduce de todo esto es que el sistema liberal es aquel que protege y salvaguarda las aspiraciones del individuo. Además, se interpreta la labor del Estado de manera activa, es decir, se entiende que éste debe ser el órgano que aporte los medios para que el individuo pueda desarrollar su potencial.

La ambición de este planteamiento nos puede dar una pista sobre la razón por la cual, desde una perspectiva sociológica, el sistema siempre va a ser fallido. Sólo unos pocos llegan, sólo unos pocos logran aquello que se proponen. El sistema, se deduce, debe estar al servicio de esas élites, de ese 10 por ciento que, por sí mismo, acapara la riqueza del 90 por ciento restante. El lenguaje empleado ante esta realidad se torna agresivo e incendiario; ya no es un sueño, es una traición. Durante la crisis se popularizó la expresión: «No es una crisis, es una estafa». La protesta puede adoptar varias formas, puede aludir a temas diversos, ser canalizada por distintos medios e incluso formulada por partidos políticos que se encuentran en polos opuestos del panorama democrático. Sin embargo, siempre alude a la misma paradoja, la misma traición, la cual se puede ilustrar con el siguiente ejemplo: «Si realmente el sistema está al servicio de todos, ¿cómo es posible que se utilice dinero público para salvar a un banco?».

Conspiración o no, sueño o pesadilla, parece claro que la libertad individual contiene en sí misma una propiedad inherente que la perseguirá siempre, como una sombra, provocando que su valor se encuentre siempre en tela de juicio: la desigualdad que genera.

El orden liberal en crisis

Hoy percibimos todo esto con meridiana claridad; o quizá no tan meridiana. La democracia liberal está en crisis. De hecho, en la crisis más seria desde los años treinta. De Trump al *brexit*, pasando por el extraordinario ascenso de los Wilders, Orbán, Le Pen o Salvini, el panorama político se halla plagado de líderes y partidos que cuestionan el orden liberal hegemónico desde la caída del Muro de Berlín. Sin embargo, aunque todos parecemos coincidir en tan alarmante declive democrático, no todos estamos de acuerdo en cuál puede ser la causa primera del mismo. Y es que muchos han aludido a los «enemigos de la democracia liberal» para explicar las corrientes iliberales contemporáneas, argumentando que es el surgimiento de líderes populistas como los mencionados anteriormente lo que pone en peligro la existencia misma de la democracia.

Es preciso reconocer que, en efecto, la democracia tiene enemigos y, por supuesto, la correlación entre ésta y aquéllos es inversamente proporcional, en tanto que cuanto más fuertes se muestren los segundos, más se debilitará la primera, y viceversa. Ahora bien, ¿es posible que estos actores surjan de repente? En otras palabras, ¿qué habría posibilitado la emergencia de los populismos y demás enemigos democráticos cuando la democracia liberal constituía un sistema de ordenación político aparentemente perfecto?

La encrucijada en que esta pregunta deja al lector podría resolverse, sin embargo, si se considera que los Orbán, Le Pen y Pablo Iglesias no conforman las causas, sino las consecuencias, de la crisis de la democracia liberal. Así, el origen de la crisis de la democracia no se hallaría en sus enemigos —los cuales, sin duda, agravarían tal declive—, sino en ella misma. Más aún, el estudio de la decadencia de la democracia liberal no consistiría en examinar cómo sus «enemigos» la desgastan, sino en cómo éstos llegan a emerger.

En este sentido, Lassalle parece dar con el quid de la cuestión al afirmar que la democracia liberal encarna el mejor dispositivo institucional de convivencia, pero de convivencia perfectible y falible. La democracia liberal es, por tanto, imperfecta, algo que otrora impedían percibir con claridad la bonanza económica y el clima de estabilidad social. Y perfectibilidad y falibilidad son peajes que buena parte de la población parece no estar dispuesta a pagar en pos de la convivencia pacífica. Dicho de otro modo, la historia de la crisis de la democracia liberal es la historia de la frustración de una *plebs* que no se resigna a aceptar que el ornamento institucional que regía su sociedad y parecía traducir su voluntad en política pública es imperfecto y puede fallar.

Y es que, en efecto, el éxito de la dimensión institucional sobre la que se fundamenta cualquier democracia liberal se basa en la capacidad de tales instituciones para responder las infinitas demandas de la sociedad. Cuando esto es posible, no hay cabida para la exclusión: dado que «nadie» tiene demandas que no puedan ser atendidas por las instituciones, todos se sienten parte del entramado institucional y apuestan por la democracia liberal. Ahora bien, cuando estas instituciones liberales no responden a las demandas populares por algún tipo de desfase (escasez de recursos, altas expectativas, manejo oligárquico de las instituciones), se acumulan demandas insatisfechas y se levanta un abismo entre la población y el sistema institucional.

En España, por ejemplo, fue la depresión económica la que destapó la imperfección de la democracia y explicó el extraordinario ascenso de Unidas Podemos. Las demandas de muchos españoles quedaron sin una institución que las pudiera atender dada la escasez de recursos disponibles para el Estado, lo que derivó en el cuestionamiento del orden institucional por parte de amplias capas de la sociedad. Unidas Podemos, en realidad, ejemplificaba el resquebrajamiento de las legitimidades establecidas en tiempos de bonanza y la necesidad de depositar la confianza en algo nuevo; o, en otras palabras, el resentimiento de un pueblo que no concebía que la democracia pudiera ser falible, que no concebía la generación de un abismo tan grande entre representantes y representados.

Unidas Podemos —por continuar con el ejemplo— no se sitúa en el origen de la crisis de la democracia liberal en España, sino que deriva de dicha crisis. Este partido populista emerge, de alguna manera, como indicador de la lozanía de la democracia española. Su surgimiento constituye una advertencia de que la élite ya no comprende a la opinión pública o de que la dimensión liberal de la democracia asfixia a la «democrática». Al llamar la atención sobre ciertos síntomas del declive del sistema, su emergencia no supone tanto un problema como una necesidad de regeneración democrática, una exigencia de reacción a los partidos convencionales y a los partidarios del sistema.

Democracia imperfecta

Pero volvamos al núcleo, a la democracia liberal y, ahora, a su dimensión más social. Veremos que la perfectibilidad no nos abandona. La plenitud y la consecución del deseo personal constituyen objetivos legítimos del individuo que parecen haberse transformado en derechos que el Estado democrático liberal debe satisfacer. Este hecho pone de manifiesto la dificultad para reglamentar la vida social en nombre de un único conjunto de normas. De acuerdo con Todorov, dicha realidad hace difícil trazar la frontera entre las dos formas de autonomía que existen: por un lado, la autonomía del yo como individuo; por otro lado, la autonomía del pueblo soberano. Estas dos formas de libertad se limitan de manera recíproca. El individuo no debería imponer sus deseos a la comunidad, mientras que ésta no tendría que involucrarse en los asuntos privados del ciudadano.

Entendiendo a la persona desde una perspectiva aristotélica, que reconoce la dimensión individual del hombre como ser social y político, comprendemos esta noción: la democracia liberal se vería amenazada si el individuo renunciase a su naturaleza social y política (*perteneciente a la polis*). Es más, si bien la democracia liberal debe parte de su viabilidad al derecho de libre asociación, un sentimiento de individualismo exacerbado nos alejaría de la realidad de este sistema político. Es decir, el sistema se vería limitado en sí mismo si el individuo, como refleja Max Weber, se viera incitado a perseguir únicamente su deseo y se olvidara de su compromiso con el prójimo, produciéndose una situación en la que el papel de la comunidad se difuminaría.

La democracia liberal nos ha permitido tratar a los ciudadanos como si fueran agentes libres en su toma de decisiones y elección de sus compromisos y convicciones. Sin embargo, autores como Sandel y Taylor destacan un riesgo en esta perspectiva: la creación de un «yo liberado». La concepción del individuo libre de cualquier identidad no determinada por sí mismo nos pone ante el riesgo de romper la cohesión social.

Si bien es cierto que el pluralismo es un atributo inherente a la democracia liberal, puede constituir a la vez una amenaza al respeto de la comunidad, que es algo igualmente fundamental en la misma. Esto ocurriría en el caso de que el deseo de defender un ideal se convirtiese en un espíritu de cruzada que fomentase la polarización social más que el sentimiento de pertenencia a una comunidad.

Por otra parte, la naturaleza representativa de nuestro sistema se vería vaciada de contenido si no se entendiese a la ciudadanía representada como una comunidad (heterogénea, pero comunidad). Sin embargo, tanto por el fenómeno de la globalización como por el enraizamiento de otras dinámicas en las sociedades actuales, son cada vez más los que consideran que el entramado institucional del Estado es incapaz de representar a toda la comunidad (una comunidad cada vez más difusa por el aumento del individualismo). A su vez, la dificultad de gestionar la heterogeneidad de la comunidad alimenta el crecimiento de visiones individualistas que no se sienten identificadas con el constitucionalismo liberal que, en un principio, fue diseñado para dar amparo a las realidades diversas de la comunidad de nacionales españoles. En este momento, sería interesante incorporar nuevamente la idea de Rawls, que daría respuesta a esta amenaza: la comunidad política democrática debe basarse en el respeto por la diferencia.

Tocqueville consideraba la democracia como un conjunto de relaciones sociales. Aplicando a nuestro país la tesis que este autor proponía respecto a la sociedad estadounidense, y con el fin de fortalecer la democracia liberal de España, es necesario regresar a la idea de unos valores compartidos que difuminen las luchas entre nacionales. Necesitamos recordar a los individuos que viven en una sociedad y que deben emplear su deseo de plenitud para emprender tareas que fomenten el bien y la prosperidad de la comunidad.

Podríamos afirmar que todo sistema de gobierno que denominemos democracia liberal debería contemplar en su naturaleza la idea de que con el esfuerzo y la voluntad colectiva se puede contribuir a mejorar el propio sistema. Sin embargo, al igual que Cronos se rebeló contra su padre, parece que los hijos, las libertades individuales engendradas por la democracia, también se rebelan contra su progenitora. Podría pensarse que los enemigos de la democracia liberal han surgido de sus entrañas. Y es que la democracia liberal es, en suma, imperfecta. No promete el cielo en la tierra, ni anuncia el amanecer de la historia. Sólo ilusiona cuando es todavía un sueño irrealizado, para caer después en el más cruel hastío cuando se realiza. Se conforma con ser el menos malo de todos los regímenes que se conocen. Y es precisamente por eso por lo que la democracia liberal es imperfecta, sí, pero absolutamente necesaria.

ECONOMÍA

11

Política fiscal y estabilidad presupuestaria: principios liberales para la cohesión social

José María Rotellar
Doctor y profesor en Economía

No existe una única política económica posible. Frente al mantra repetido miles de veces por todos los amigos del intervencionismo y por todos los enemigos de la libertad, hay distintas políticas económicas que se pueden aplicar. Y distintas políticas dan distintos resultados.

Importancia de las medidas en política económica

En estos momentos en los que hemos conseguido salir de la más grave crisis económica por la que ha atravesado España en los últimos ochenta años, y después de haber consolidado la recuperación, volvemos a encontrarnos en un período en el que se practica con afán un intervencionismo descarnado y se persigue con enconamiento la libertad económica, algo que acaba haciendo mella en la economía.

Por eso, frente a este nuevo impulso intervencionista en la economía, ahora más que nunca debemos proclamar y reafirmar los principios y valores liberal-conservadores, que en política económica se resumen en impuestos bajos y reformas profundas. Se vertebra en cinco ejes: la austeridad y eficiencia en el gasto público, que permite ahorros manteniendo la máxima calidad de los servicios públicos; el cumplimiento permanente de la estabilidad presupuestaria, que nos permita no hipotecar ni a las generaciones futuras ni a la economía; las bajadas de impuestos; la eliminación de trabas a la actividad económica, y la seguridad jurídica que dé tranquilidad y confianza a inversores, empresarios y profesionales para incrementar la actividad y el empleo.

Si la experiencia muestra que administraciones austeras y cumplidoras generan sociedades prósperas, también demuestra que las rebajas de impuestos, posibles gracias a esa austeridad y eficiencia, multiplican esa prosperidad, al liberar recursos y dejar más dinero disponible en el bolsillo de ciudadanos, empresas y trabajadores, para que puedan consumir, ahorrar o invertir más. En definitiva, para que puedan generar actividad económica y empleo.

Por eso, por pragmatismo, debemos ser firmes defensores de los impuestos bajos. Por eso, la política tributaria que debería seguir cualquier Gobierno tendría que basarse en la máxima de no subir ningún impuesto y bajarlos siempre que sea posible, porque el que los ciudadanos y empresas cuenten con más dinero en sus bolsillos para decidir qué hacer con ello —si consumir, ahorrar o invertir— permite dotar de una mayor expansión a la economía productiva.

Con ese mayor consumo e inversión, se genera mayor actividad económica y empleo, de manera que aumenta el poder adquisitivo de los ciudadanos, muchas familias salen de la dramática situación del desempleo y aumenta su prosperidad, su poder adquisitivo y, de nuevo, su consumo.

Con esa mayor actividad económica y empleo, se incrementa la recaudación, se recupera el importe de las rebajas fiscales e incluso se consigue ingresar algo más.

Con esa mayor recaudación, se pueden afrontar los gastos de los servicios esenciales de los ciudadanos y cumplir, al tiempo, con la estabilidad presupuestaria, de manera que la deuda no se dispare.

Con ello, crece la credibilidad y solvencia en una economía, ésta atrae a inversores y contribuyentes, aumenta la actividad económica, el empleo y la recaudación, y, con ello, la prosperidad de los ciudadanos. Es lo que se ha llamado el círculo virtuoso de la economía.

Desde una óptica liberal-conservadora, no se puede decir que los Gobiernos hacen crecer a la economía o crean puestos de trabajo. No: ésa no es la función de las Administraciones Públicas. Se trata de poner las bases y liberar el camino de trabas para que los ciudadanos, los trabajadores, los empresarios y las familias sean los que con su trabajo, esfuerzo, riesgo e ilusión generen la actividad económica y el empleo, y que ésta sea sólida y sostenible en el tiempo.

Generación de confianza

En economía, como en todas las facetas de la vida, no hay nada mejor que ser previsible y coherente. Ésa es la base para generar confianza.

Y la confianza es la mejor herramienta que se puede utilizar para generar prosperidad. Los agentes económicos utilizan la racionalidad para evaluar las actuaciones en todos los campos, especialmente en materia económica.

Por eso es muy importante generar confianza. Y ésta no llega por casualidad, sino a través del trabajo serio, el rigor en el análisis de las alternativas posibles y la firmeza en la adopción de las medidas que necesita la economía.

Y eso es lo que, en el margen de sus competencias, tienen que hacer los poderes públicos. Deben ser previsibles, responsables y tratar de atajar los problemas con soluciones que beneficien al conjunto de los ciudadanos.

La política económica sí importa. No hay una única política económica posible

Este mejor comportamiento de la economía no es fruto de la casualidad. Llega cuando se aplican recetas económicas liberales, que hacen que una economía avance más en las épocas de bonanza y resista mejor en los momentos de crisis. No todas las políticas son iguales. No es cierto que sólo haya una política económica posible. Hay distintas políticas, que dan distintos resultados.

No es lo mismo ser austeros, buscar la eficiencia, cumplir con el objetivo de déficit, bajar impuestos y eliminar trabas que tomar las decisiones diametralmente opuestas. Y si no son lo mismo esas decisiones, tampoco son lo mismo los resultados que provocan.

Actuación sobre el gasto

¿Qué pueden hacer, entonces, los poderes públicos cuando gobiernan? Deben procurar la aplicación de las medidas que den mejores resultados. Y esas medidas, como muestra la experiencia, son las políticas económicas liberales. Por tanto, lo que deberían hacer los poderes públicos en la búsqueda de ese bien común, de esa mayor eficiencia y prosperidad para los ciudadanos, es aplicar esa política liberal, que da mejores resultados para los ciudadanos, empresas, trabajadores y para el conjunto de la sociedad. La primera de estas palancas es el cuidado de los recursos que aportan los contribuyentes con su trabajo y esfuerzo.

Por eso, en primer lugar, los Gobiernos han de ser siempre sinceros y claros con los ciudadanos, para alertarles de los problemas y explicarles las soluciones que se deben adoptar para aumentar la prosperidad de todos.

Por eso es esencial que cuando se malgasta el dinero público, se frene dicha acción y se reduzca el gasto no esencial, para poner el acento allí donde se requiera, que es lo que permitirá garantizar la atención a las partidas imprescindibles, como la sanidad, la educación, los servicios sociales y el transporte, además de las pensiones, donde, ante el envejecimiento de la población, deben proponerse reformas que garanticen su sostenibilidad. Es decir, se trata de primar lo que los ciudadanos necesitan, no lo que necesitan los políticos. Primar lo que pide la sociedad, no lo que piden los partidos. Se trata de centrarse en hacer más fácil y mejor la vida de los ciudadanos, no en emplear electoralmente los miedos de los mismos para hacer política.

Bajada de impuestos

Dentro de esta política fiscal liberal, en materia tributaria dicha política ha de ser firme defensora de los impuestos bajos, porque está demostrado que las administraciones austeras, que cuentan con impuestos bajos, incentivan la creación de sociedades prósperas.

Una reforma fiscal debe permitir bajar impuestos, no obligar a subirlos

Por eso no es de recibo que se apliquen, desde el ámbito estatal y a través de cualquier reforma fiscal, unas medidas que supongan una subida de impuestos para los ciudadanos. Así ocurre, por ejemplo, cuando se afirma que se quiere homogeneizar el impuesto de sucesiones, pero hacia arriba, con un mínimo. Cuando eso se hace, se premia a quien peor gestiona, al tiempo que no se fortalece la unidad de mercado.

Por otro lado, la competencia fiscal no rompe dicha unidad, sino que la fortalece desde la solidaridad ejercida con el resto de regiones por quien marcha mejor económicamente.

Por tanto, una reforma fiscal debe centrarse en devolver poder al individuo, en devolver capacidad de decisión al individuo y, por tanto, en bajar los impuestos al individuo.

Cumplimiento de la estabilidad presupuestaria

Del mismo modo, desde una óptica liberal de la economía, no cabe otra posición que la de ser firmes defensores de la estabilidad presupuestaria, que equilibre las cuentas, no gaste más de lo que ingrese y no genere nueva deuda, al tiempo que se pueda amortizar, con superávit previos, la existente.

Por tanto, desde una defensa de la política liberal, al aplicarla se defiende una política basada en la austeridad y la reducción del gasto, la estabilidad presupuestaria, la rebaja ordenada y selectiva de impuestos, la eliminación de trabas y la generación de seguridad, certidumbre y confianza. No es dogmatismo, sino números que, negro sobre blanco, ponen de manifiesto la mayor fortaleza y mejores resultados de las políticas liberales.

Confianza de los inversores y los mercados y mejor pago a proveedores

Lo óptimo para una administración pública es no estar endeudada o tener la menor deuda posible. Eso es lo deseable y la mejor manera de no cargar de obligaciones a los ciudadanos y de no drenar recursos a la economía productiva.

Ahora bien, mientras no se pueda generar un superávit que permita amortizar toda la deuda acumulada, al tiempo que no se cree deuda nueva, lo mejor que puede hacer una administración es colocar bien su deuda, porque es garantía de solvencia, al refinanciar la deuda de años anteriores. También demostrará que es capaz de afrontar los pagos de los gastos ya comprometidos en el ejercicio presente. Para ello, es esencial ese clima de confianza que les permita financiarse lo más barato posible. Por eso no es de recibo el conjunto de vaivenes intervencionistas que en muchas ocasiones ha habido en la materia. Perjudican a la economía, también a su financiación y a los pagos globales que las administraciones públicas tienen que hacer, entre otros, a las pymes y a los autónomos. Y poder pagar es esencial para que los proveedores —muchos de ellos pymes y autónomos— cobren su trabajo y puedan continuar con la generación de actividad económica y empleo. Para ello, es imprescindible generar confianza y credibilidad en los mercados.

Confianza de los inversores productivos y de los empresarios

Y esta política creíble, de certidumbre y seguridad jurídica, genera confianza y atrae a inversiones y a empresas. Permite, además, que una economía alcance el mayor índice de apertura exterior, es decir, de transacciones de exportaciones e importaciones, que se internacionalicen más empresas y que se reciba, al mismo tiempo, mucha más inversión extranjera que genera actividad económica y empleo.

Una política económica liberal se basa en la austeridad y eficiencia en el gasto, en la estabilidad presupuestaria, que no hace crecer el endeudamiento desmesuradamente y que mantiene unas finanzas saludables, en la rebaja de impuestos, que deja más dinero para que ciudadanos y empresas puedan consumir, ahorrar e invertir, generando actividad y empleo, en la eliminación de trabas, que permite desarrollar la actividad económica de manera más rápida, barata y eficiente, y en la seguridad jurídica, que genera confianza. Las empresas y las personas —los agentes económicos, en definitiva— saben que ésa es una política de prosperidad.

El intervencionismo pone obstáculos a la salida de empresas, lo que acaba siendo la principal barrera de entrada; repone impuestos, con pactos políticos de Gobierno o sin ellos; limita la apertura comercial y restringe los horarios comerciales, además de poner trabas a la libre competencia en múltiples sectores. Por el contrario, el liberalismo vela por la prosperidad de los ciudadanos, como muestra la experiencia contrastada, de manera que logra la verdadera cohesión social.

12

El futuro de la economía española en un mundo global y digital

Jaime Moro
Economista. Gerente del Instituto Atlántico de Gobierno

Progress is impossible without change, and those who cannot change their minds, cannot change anything.

GEORGE B. SHAW

Globalización y tecnología: un nuevo paradigma económico

Desde el comienzo de este siglo XXI estamos viviendo un cambio de paradigma económico y social. La globalización y la tecnología están transformando nuestra manera de vivir, de trabajar y de comunicarnos.

Estamos asistiendo a lo que se ha denominado como la Cuarta Revolución Industrial. Una nueva era que supone grandes retos, pero también enormes oportunidades.

La globalización ha implicado una apertura económica y una expansión del comercio internacional sin precedentes. Algunos economistas como Stephen S. Roach distinguen dos fases en la evolución del proceso de globalización. La «globalización 1.0» se basó en el intercambio comercial a nivel transfronterizo de bienes manufacturados entre países. La «globalización 2.0» es un proceso más complejo y sofisticado, fundamentado en buena medida en el intercambio de factores productivos mucho más intangibles, tales como servicios basados en el conocimiento (consultoría de negocio, ingeniería de software...).

Al igual que sucedió en otros procesos de revolución industrial en la historia, el nuevo paradigma económico tiene una enorme capacidad de creación de riqueza. Pero también implica un componente de destrucción, fruto del proceso de transformación. Es lo que algunos economistas denominan «creación destructiva».

En estos procesos de creación destructiva, los sectores tradicionales compiten con las nuevas compañías, que son más innovadoras y cuentan con una mayor capacidad competitiva en determinados aspectos del negocio.

En la actualidad, el valor de los datos y el conocimiento probablemente han sustituido ya a las materias primas como la principal fuente de riqueza. Y, como en todo proceso de transformación, aquellos países que tengan la visión, la voluntad y la capacidad de adaptarse serán más prósperos, mientras que aquellos que no sean capaces de adaptarse, perderán el tren del futuro.

La economía mundial hoy día

Dentro de este proceso de integración económica a nivel mundial que hemos vivido en las últimas décadas, existen dos factores que han sido decisivos para explicar la situación actual de la economía en España y en el resto del mundo: la política monetaria de los bancos centrales y la crisis económico-financiera del año 2008.

En la última década, los bancos centrales (en adelante BC) han llevado a cabo una política monetaria extraordinariamente laxa. En los años 2007 y 2008, comienzo de la crisis económico-financiera a nivel global, los BC aplicaron una política monetaria destinada prioritariamente a estabilizar los mercados financieros internacionales.

Los efectos derivados del colapso del sector inmobiliario en Estados Unidos, el riesgo de desintegración de la eurozona, la caída de algunos de los principales bancos a nivel internacional y la recesión global provocaron que algunos de los principales BC (Reserva Federal, Banco Central Europeo, Banco de Inglaterra y Banco de Japón) implementaran las denominadas medidas «no convencionales», expandiendo sus balances hasta niveles insospechados. A través de la inyección masiva de liquidez, posibilitaron la continuidad del flujo de crédito a la economía.

Existe un consenso entre los economistas acerca de la necesidad de intervención de los BC en el inicio de la crisis, ante el riesgo de colapso total de la economía, que hubiera tenido unas consecuencias impredecibles en todos los países. Sólo en el período 2008-2012, se estima que los Gobiernos de Estados Unidos, el Reino Unido y la eurozona de beneficiaron por un total de 1,6 trillones de dólares, principalmente por la reducción de los costes por intereses de la deuda.

Pero posteriormente la política monetaria de implementación de medidas no convencionales se prolongó en el tiempo. Estas políticas (tipos de interés negativos, *quantitative easing*), con carácter de urgencia y justificadas por una coyuntura extraordinaria, se normalizaron.

Y esta situación ha tenido un efecto perverso, distorsionando las reglas de la competencia en un libre mercado.

La política monetaria ha distorsionado las decisiones de inversión, ya que la financiación a muy bajo coste ha fomentado la solicitud de créditos y préstamos por parte de negocios o particulares no siempre solventes.

Y no sólo eso. Una de las principales consecuencias de esta política monetaria ha sido el enorme crecimiento del endeudamiento de la economía global. Únicamente entre los años 2007-2014, el endeudamiento global se incrementó en 57 trillones de dólares, según un informe de McKinsey & Company.

La deuda es uno de los principales obstáculos para el crecimiento. En palabras de Eugen von Böhm-Bawerk, economista de la Escuela Austríaca, «la deuda es el consumo futuro traído al presente». En cierta forma, es una manera de «hipotecar» el futuro, con las consecuencias que ello conlleva. Una economía excesivamente endeudada es una economía con menos recursos para dedicar a la inversión y al crecimiento.

En definitiva, una economía internacional que no se rige estrictamente por las reglas del libre mercado y un extraordinario nivel de endeudamiento es el alto precio que hemos pagado para evitar el colapso global tras el estallido de la crisis económico-financiera del año 2008. Y sus consecuencias se van a seguir manifestando en los próximos años.

Impacto de la crisis económico-financiera de 2008 y lecciones para España

España tiene una de las economías más desarrolladas del mundo (decimotercer puesto del ranking en el año 2018). Pero al mismo tiempo, la crisis económico-financiera del año 2008 evidenció una realidad de la economía española: su excesiva rigidez. Y, por tanto, su incapacidad para adaptar sus estructuras a un entorno cambiante y hacer frente a las crisis de manera adecuada.

Todos los países sufren crisis económicas. Es una realidad consustancial al capitalismo y a la economía de mercado. Ningún país está a salvo de sufrir en un momento dado una recesión. La diferencia entre unas economías y otras es su capacidad para salir antes de un período de crisis y con el menor daño posible.

Estados Unidos ha demostrado ser un país que ha aprendido las lecciones de las crisis que ha experimentado, especialmente desde la Gran Depresión (1929). Estados Unidos diagnosticó las principales causas que provocaron la recesión y estableció medidas de política económica que hicieran frente a esas causas. Principalmente fueron medidas dirigidas a flexibilizar sus mercados y a diversificar riesgos.

El resultado es que el país ha logrado ampliar progresivamente los períodos de crecimiento, reducir el número de años de duración de las crisis y tener un impacto mucho menor en su tasa de paro.

Tras la crisis económico-financiera del año 2008, Estados Unidos tardó menos de cuatro años en recuperar su nivel de PIB anterior a la crisis. Su tasa de paro se incrementó desde el 5,0 por ciento en el año 2007 hasta el máximo del 9,9 por ciento en el año 2010, para luego descender de manera continuada.

Por el contrario, España ha necesitado diez años para recuperar el nivel de PIB anterior a la crisis y nuestra tasa de paro se elevó hasta superar el 26 por ciento en su pico máximo. En el año 2019 todavía supera el 14 por ciento.

La construcción de un modelo económico sólido para hacer frente a una crisis económica pasa inexcusablemente por la flexibilidad en los mercados internos, la fortaleza y diversificación del sector financiero y la apertura a la economía internacional. Las economías más flexibles, abiertas y diversificadas son aquellas mejor preparadas para las crisis.

Evolución de la estructura de la economía española desde 1980 hasta 2018

¿Cuál ha sido el modelo de desarrollo de la economía española en estas últimas décadas?

España es uno de los principales ejemplos de «milagro económico» de Occidente en las últimas décadas. El Plan de Estabilización del año 1959, la entrada de España en la Unión Europea en 1986 (Comunidad Económica Europea en ese momento) o la entrada como miembro fundador de la eurozona en 1999 permitieron a nuestro país un crecimiento del PIB y de la renta per cápita sin precedentes en nuestra historia reciente.

Como muestra del espectacular desarrollo de la economía española en los últimos sesenta años, únicamente China y la India han aumentado su PIB en mayor porcentaje entre las economías de mayor tamaño en el mundo.

El desarrollo y expansión de la industria y también del mercado interno de productos y servicios o la creciente inversión en infraestructuras tras la aprobación del Plan de Estabilización sentaron las bases de un crecimiento económico sostenido a partir de 1959.

La apertura de la economía española a los mercados internacionales (principalmente, a los mercados europeos) o la atracción de inversión extranjera directa y de fondos europeos a partir de los años ochenta fueron factores fundamentales para el crecimiento del PIB y de la renta per cápita.

Más adelante, la pertenencia a la eurozona benefició a nuestro país gracias a la política monetaria de bajos tipos de interés, que impulsaron el acceso al crédito por parte de las entidades financieras y no financieras, así como de las familias.

No obstante, a pesar del «milagro» de la economía española en las últimas décadas, el modelo económico ha estado caracterizado por importantes desequilibrios estructurales.

Bajo la premisa de un «falso proteccionismo», las medidas de política económica socialistas crearon marcos regulatorios caracterizados por la rigidez.

Un ejemplo de ello es el mercado laboral. La falta de flexibilidad de la normativa ha fomentado que, en épocas de crisis, los agentes económicos tuvieran como única salida el despido de los trabajadores, en lugar de explorar fórmulas alternativas, adaptadas al entorno económico y las perspectivas de futuro.

Una elevada tasa media de paro estructural y un bajo nivel de crecimiento de los salarios han sido las consecuencias principales de la rigidez en el mercado de trabajo. Las rigideces en los mercados de bienes y servicios han provocado una inflación media estructural por encima de los países de nuestro entorno.

La falta de diversificación y el alto endeudamiento también han sido característicos del modelo económico desarrollado en nuestro país.

Por un lado, la falta de diversificación de la economía española queda manifestada por la excesiva dependencia del sector de la construcción, un sector que aporta un bajo valor añadido; en paralelo, hemos vivido un proceso de desindustrialización continuado en el tiempo.

Por otro lado, el crecimiento del PIB ha estado también apoyado en gran medida por el endeudamiento público y privado. Ambos han experimentado un crecimiento exponencial en los últimos diez años, reduciendo el potencial de crecimiento futuro.

Este modelo de crecimiento excesivamente dependiente del sector de la construcción y del endeudamiento es insostenible a medio y largo plazo.

Esta insostenibilidad deriva, además, de la pertenencia al euro. Ser uno de los miembros fundadores de la eurozona es uno de los mayores éxitos de la reciente historia económica española.

La pertenencia a una zona monetaria como el euro tiene enormes implicaciones. En primer lugar, significa que el país tiene un tejido productivo y una capacidad económica altamente desarrollados. En segundo lugar, significa que el país está dispuesto a asumir un alto grado de disciplina en materia de política económica y fiscal (ratios de inflación, déficit y deuda, inversión en I+D+i, reformas estructurales...).

Una vez dentro de la eurozona, en España ya no tenemos la capacidad de reducir nuestros costes de producción y ganar competitividad automáticamente vía devaluación de la moneda (como sucedió en los años 1977, 1982 y 1993). Ya no es posible el «camino fácil». La alternativa (mejora competitiva vía reformas estructurales) es más compleja, pero mucho más beneficiosa a medio y largo plazo.

Pertenecer al euro significa estar sujeto a la responsabilidad de realizar continuas reformas estructurales dirigidas, principalmente, a la flexibilización de los mercados de bienes y servicios, capitales y trabajo. Reformas que impulsen la productividad y la capacidad competitiva del país.

Eurozona, disciplina presupuestaria y reformas estructurales son tres conceptos que están intrínsecamente relacionados.

El euro es un área monetaria basada en la productividad y, como tal, obliga a todos los países a aplicar de manera continuada reformas estructurales destinadas a ganar flexibilidad y competitividad. Algo que, por otra parte, es imperativo para competir en un escenario internacional cada vez más globalizado.

Un proyecto liberal para la economía española: oportunidad de futuro

La pertenencia a la eurozona y el avance de la globalización obligan a la economía española a desarrollar un modelo de política económica sostenible a largo plazo y suficientemente competitivo para mantener e incrementar los niveles de prosperidad alcanzados.

El gran reto de la economía española para las próximas décadas consiste en lograr ser uno de los países que mejor se adapte a la Cuarta Revolución Industrial.

Además, el logro de un determinado nivel de crecimiento en los próximos años es la única manera de superar las barreras económicas y sociales derivadas del nivel medio de la tasa estructural de paro que ha tenido nuestro país en los últimos cuarenta años y del actual nivel de endeudamiento público y privado.

España debe acometer una profunda transformación de su actual modelo económico. La base del crecimiento futuro debe ser la productividad.

La consecución de una economía más productiva inevitablemente pasa por la aplicación de un modelo basado en los principios liberales. Impulso de la iniciativa privada frente al intervencionismo estatal. Libertad económica frente a exceso de regulación. Mínima presión fiscal frente al exceso de gasto público.

Los principales obstáculos al crecimiento están perfectamente identificados, y están asociados principalmente a la falta de unidad de mercado, las rigideces en el mercado de trabajo y las trabas a la libertad de empresa.

El modelo que se debe aplicar implicaría una doble estrategia: eliminar obstáculos y actuar sobre los sectores con mayor potencial de crecimiento. Hay una serie de políticas para desarrollar que son prioritarias:

1) Liberalización y privatización: una política económica liberal que impulse la iniciativa privada frente al intervencionismo estatal.
2) Reformas estructurales: flexibilización y apertura de la economía, con una decidida apuesta por la digitalización.
3) Apostar por los sectores con mayor potencial de crecimiento futuro: actuar sobre industrias específicas como apuesta de futuro.

La liberalización de los sectores con una fuerte intervención pública es una medida necesaria para aumentar la competencia y reducir los costes de producción y los precios.

La liberalización implica una menor regulación pública, que permita una mayor libertad a los agentes para interactuar basándose en criterios de mercado, oferta y demanda, frente a las injerencias en la toma de decisiones que suponen aquellas regulaciones que dejan poco margen de decisión a las compañías presentes en el mercado.

Hay sectores donde es prioritario desarrollar un proceso liberalizador y privatizador: servicios industriales, servicios de transporte, sector energético o correos, entre otros.

La privatización implica la venta de las empresas públicas y la reducción de la participación del Estado en aquellas compañías que operan en sectores estratégicos. A corto plazo permite al Estado obtener unos ingresos extraordinarios que pueden ser empleados para reducir la deuda pública. A largo plazo puede permitir contar con grandes multinacionales en sectores estratégicos que compiten a nivel internacional, como ya sucedió con las compañías privatizadas a finales de los años noventa del siglo pasado.

Por su parte, las reformas estructurales están destinadas a dotar de flexibilidad a la economía y alinear las decisiones de los agentes con el entorno y las perspectivas económicas. En situaciones de crisis, permiten adaptar su estructura al descenso de ingresos sobrevenido.

Estas reformas deberían estar enfocadas a reducir el *gap* de productividad que tenemos respecto a las economías más productivas del planeta. Existen factores que son explicativos de la diferencia en las ratios de productividad respecto a otros países de nuestro entorno.

En primer lugar, la elevada tasa de paro (15 por ciento) implica que nuestro país no está aprovechando todo el potencial productivo de su población activa.

En segundo lugar, las empresas españolas de tamaño medio y grande tienen niveles de productividad similares a las compañías europeas más productivas, pero la productividad de las pequeñas empresas españolas es inferior. Y la gran mayoría de las empresas españolas tienen menos de cinco empleados.

En tercer lugar, las normativas autonómicas y locales impiden lograr economías de escala a nivel nacional, lo que incrementa los costes productivos.

Un factor clave para mejorar nuestra productividad y nuestra competitividad es la asimilación de los avances tecnológicos y su integración en la cadena de valor. En este sentido, cabe destacar un avance que sobresale por encima del resto: la inteligencia artificial (IA).

La IA es posiblemente el avance tecnológico que mayor impacto tendrá en el futuro. La IA tiene la capacidad de acumular y analizar una gran cantidad de datos, predecir comportamientos, automatizar y optimizar la eficiencia de procesos y contribuir a la toma de decisiones.

Su potencial transformador en todos los ámbitos de los negocios, el sector público y la sociedad es inimaginable. No es extraño que la IA se haya convertido en un factor competitivo decisivo y, como consecuencia, en una herramienta geoestratégica.

Estados Unidos y China han apostado fuertemente por ser el país puntero tecnológicamente en IA. Son, con diferencia, los dos grandes inversores en investigación aplicada a todos los campos. Según un informe de la consultora PricewaterHouseCoopers, se estima que los desarrollos asociados a la aplicación de la IA aportarán 15,7 trillones de dólares al PIB de la economía mundial.

España debe aprovechar el potencial de crecimiento derivado de la aplicación de la IA a todos los niveles.

Por último, España tiene la oportunidad de apostar por aquellos sectores en la industria y en los servicios que tienen un alto potencial de crecimiento, sectores que aportan un valor añadido por estar asociados a empleos de alta cualificación o que incorporan el uso de la tecnología.

Nuestro país tiene un enorme potencial de crecimiento y generación de empleo en determinados sectores, como, por ejemplo, los servicios empresariales (*Business Services*), que están infradesarrollados respecto a los países de nuestro entorno. También tiene potencial para mejorar su capacidad competitiva y generar empleos altamente cualificados en nuestras industrias más desarrolladas, como el turismo y el sector del automóvil.

Por tanto, España tiene la oportunidad de acometer un proceso de reindustrialización basado en la incorporación de la tecnología y apostando por sectores con un alto potencial de crecimiento y de generación de empleo.

Conclusiones

Un mundo cada vez más globalizado y en constante cambio demanda que las economías sean flexibles y estén en permanente proceso de adaptación. En el caso de España, la pertenencia al euro ha demostrado, durante la crisis del año 2008, la «obligatoriedad» de implementar reformas estructurales que flexibilicen nuestra economía y así estar mejor preparados para las futuras crisis.

La Cuarta Revolución Industrial supone para todos los países un gran desafío y una enorme oportunidad. España demostró a finales de los años noventa del siglo pasado su capacidad para formar parte de las economías fundadoras de la eurozona.

Sin embargo, para ello la economía española tiene que desarrollar un nuevo modelo de crecimiento más sostenible a largo plazo, un modelo basado en la productividad y en la digitalización.

Si España apuesta en los próximos años por la implementación de reformas estructurales a partir de políticas económicas de corte liberal será capaz, sin duda, de asegurar la prosperidad de sus futuras generaciones.

EUROPA Y LA UNIÓN EUROPEA

13

Algunos hombres buenos

Núria González Campañá
Doctora en Derecho y profesora de Integración Europea

Desde el otoño catalán de 2017 somos muchos los que no dejamos de pensar en el futuro de España como nación. En momentos de inestabilidad, cuando las instituciones y las normas que han sustentado nuestra vida en común están en entredicho, urge reflexionar sobre los liderazgos que necesitamos para afrontar las diversas crisis en las que estamos inmersos.

A la crisis secesionista catalana se le suman simultáneamente otras crisis: la económica, que muchos españoles todavía no perciben como superada y amenaza con recrudecerse, la social y de valores, con la atomización de la sociedad, y la institucional, por el debilitamiento de la confianza en las instituciones que han protagonizado los últimos cuarenta años. Todo ello genera descontento y una profunda sensación de hartazgo que se traducen en una creciente polarización. Las redes sociales ya no aparecen como la esperanza para conectar visiones diferentes, sino todo lo contrario: crean burbujas de opinión que aíslan al ciudadano al acercarlo de manera insistente únicamente a personas afines. Crece la percepción de que los espacios para intercambiar reflexiones contrapuestas se han reducido y compartir la vivencia de un «nosotros» con quien piensa diferente se vuelve cada vez más complicado. La crispación se ha instalado en discursos políticos marcados por lo emotivo que erosionan los afectos entre ciudadanos, especialmente aquellos más politizados. Seguimos acudiendo a las urnas, y lo hacemos masivamente, pero escogemos opciones que ofrecen identidades, más que propuestas para el bien común. Ello debilita los vínculos de solidaridad, que son los cimientos de cualquier comunidad política. Como nos recuerda Fukuyama en su último ensayo, *Identidad*, para que una democracia funcione se necesita algo más que una aceptación pasiva. Se requiere el ejercicio de ciertas virtudes y una identidad de destino.

Para contestar a la pregunta sobre los liderazgos políticos que necesitamos hoy en España y que deberían ayudar a tejer esa identidad de destino que hoy parece tambalearse, puede resultar interesante alejarse por un momento temporal y geográficamente de nuestro país y rescatar una historia, la de los padres fundadores de la Unión Europea, que ante el colapso de sus naciones pusieron los cimientos de un nuevo proyecto sugestivo de vida en común. Y lo hicieron no en contraposición con las comunidades nacionales respectivas, sino integrándolas como partes constitutivas de otra mayor.

Desconozco la razón, pero la historia que protagonizaron Jean Monnet, Robert Schuman, Konrad Adenauer y Alcide De Gasperi no ha sabido hacerse un hueco en nuestra memoria. Cuando nos referimos a los *Founding Fathers*, muchos, incluso en Europa, piensan en James Madison, Thomas Jefferson o George Washington. Y, sin embargo, las vidas de Monnet, de Schuman, de Adenauer o De Gasperi, su determinación, su visión, su valentía, su mezcla de idealismo y sentido práctico merecerían un lugar destacado en cualquier manual de buen liderazgo.

Patriotas en lugar de nacionalistas

No es fácil hacer una distinción entre estos dos conceptos. George Orwell, por ejemplo, definía el patriotismo como la devoción a un lugar y a un modo de vida que no quiere imponerse sobre otros pueblos, una emoción defensiva, mientras que entendía que el nacionalismo es inseparable del deseo de poder y, por tanto, agresivo. Maurizio Viroli, en un libro reeditado recientemente, *Por amor a la patria*, distingue el patriotismo del nacionalismo en la medida en que el primero se traduce en un amor hacia la forma de vida que defiende la libertad común de unas personas unidas por vínculos históricos y culturales (es un patriotismo más encarnado en el tiempo y el espacio que el patriotismo constitucional de Habermas). El nacionalismo, en cambio, se identificaría con la defensa de la homogeneidad cultural, lingüística y étnica de un pueblo.

Estas aproximaciones, sin ser definitivas, pues la confusión de ideas en este campo está extendida, nos ayudan a desbrozar el debate.

Partiendo de estas consideraciones, parece evidente que ninguno de los padres fundadores de la UE fue nacionalista. Y resulta incluso difícil calificarlos únicamente como patriotas franceses, italianos o alemanes. En todo caso, serían patriotas alemanes, franceses o italianos y, al mismo tiempo, se sentían profundamente europeos.

En realidad, todos ellos fueron hombres de frontera, la nacionalidad que indicaba su pasaporte no limitaba sus apegos. Schuman y De Gasperi, particularmente, cuyas familias procedían de territorios que cambiarían de jurisdicción tras la primera guerra mundial, Alsacia-Lorena y el Trentino Alto Adige, comprendieron pronto que las fronteras son accidentes que no justifican odios tribales. Ambos eran hombres bilingües, imbuidos de dos culturas.

Schuman, aunque se convertirá tras la segunda guerra mundial en diputado de la Asamblea Nacional Francesa, se había formado académicamente en universidades alemanas. De Gasperi, por su parte, estudió en Trento siguiendo el sistema escolar germánico y obtuvo una beca para estudiar en la Universidad de Viena. Antes de la primera guerra mundial ejerció como diputado en el Parlamento vienés representando a la minoría italiana dentro del Imperio austrohúngaro. Si bien participó en protestas estudiantiles que exigían educación universitaria en italiano, De Gasperi nunca fue un secesionista italiano o un «irredentista» deseoso de la unión política con Italia. Creía en una identidad múltiple: sentirse trentino, italiano y súbdito del Imperio era compatible. De hecho, años después algunos no se lo perdonarán y se mofarán de él llamándolo Von Gasperi y considerándolo un traidor a Italia. Schuman y De Gasperi aceptaron las realidades nacionales que les legaba la historia y se esforzaron en ampliar, no en reducir, las comunidades políticas a las que debían lealtad. El proceso de integración europea es precisamente eso: Italia o Francia ya no son sólo Estados, se convierten en Estados miembros y la Unión Europea se erige en un nuevo espacio político.

Después del impacto de la crisis secesionista de 2017 (un golpe posmoderno en palabras de Daniel Gascón, pero golpe al Estado constitucional al fin y al cabo), es difícil evitar la aparición de un sentimiento nacional malherido. En los últimos cuarenta años, sin duda debido a la memoria de la dictadura, se han aceptado con naturalidad los nacionalismos periféricos mientras se desconfiaba de cualquier acción que pudiera promover un patriotismo español, como si a los españoles no se les permitiera reclamar y apreciar sus vínculos históricos de convivencia. Es un error. Insiste Fukuyama: «Las democracias no sobrevivirán si los ciudadanos no se sienten, en cierta medida, apegados a las ideas de gobierno constitucional y de igualdad humana por medio de unos sentimientos de orgullo y patriotismo». España vive hoy un momento extraordinario y es por ello que no debe avergonzarnos la tristeza por el intento de hacer fracasar un país que funcionaba y funciona.

Ahora bien, frente a la tentación de las trincheras, hay que reclamar el patriotismo compasivo de Simone Weil: obliguémonos al «cuidado» de nuestra frágil patria con determinación, pero al mismo tiempo con delicadeza, con cordialidad y con generosidad. José María Marco tiene razón cuando dice que la nación es consecuencia del conjunto, no de lo que nos gusta a cada uno de nosotros. Y si eso es así, «la nación no excluye a nadie. Precisamente por eso, porque la nación incluye a todos, nos incita también a ser generosos. El fundamento último, el más importante de la nación, es el perdón». Si hubo generaciones que pudieron hacerlo aun después de haber sufrido una guerra, nosotros no deberíamos caer en la irracionalidad de la rabia. Esta crisis puede ser una oportunidad para revitalizar la nación.

¿Profesionales en política o políticos profesionales?

¿Qué necesitamos? ¿Políticos profesionales que conozcan las reglas propias de la política o profesionales que dediquen un período de su vida al servicio público? Probablemente no haya un único patrón que asegure un buen liderazgo.

Ni Schuman ni Monnet participan de la embriaguez de la política, como sí lo hacen desde muy jóvenes Adenauer y De Gasperi. Tanto Adenauer como De Gasperi eran miembros de asociaciones católicas de estudiantes y ese activismo, y su incuestionable liderazgo, les llevó también a fundar partidos políticos. Fueron políticos profesionales, apenas se les conocen otras actividades. De Gasperi trabajó brevemente como periodista y traductor, y Adenauer ejerció durante un tiempo como abogado.

Monnet, en cambio, no tuvo nunca interés alguno en hacer carrera política porque entendía que difícilmente encajaría en un partido. No hubiera resistido la disciplina y obediencia que se exigen. Es, sin embargo, un servidor público que pone su talento y sus experiencias al servicio del país. Desde muy joven, Monnet aprovechó los negocios familiares para viajar al extranjero. Abandona la escuela con dieciséis años y es enviado a Londres para aprender inglés. Poco después viaja por primera vez a Estados Unidos y Canadá, con la esperanza de abrir nuevos mercados para el negocio familiar. Allí se abre a la complejidad y sobre todo a la diversidad que no le ofrecía Europa. Antes de 1914, ya había viajado a Rusia, Suecia y Egipto, una trayectoria del todo impropia para un joven de su generación. Durante las dos guerras mundiales, trabajará en Londres en tareas de coordinación entre los Gobiernos francés y británico. En el período de entreguerras se convierte en el Secretario General adjunto de la Sociedad de Naciones, cargo del que dimitirá por la inoperancia de la organización, y en los años treinta recala en la China de Chiang Kai-shek, donde emprende un programa de reformas. En Estados Unidos fundó su propio banco y se convirtió en uno de los líderes del exilio europeo, junto con Jacques Maritain, abogando desde Nueva York por una federación europea. No es de extrañar que un hombre con esa trayectoria fuera llamado por De Gaulle para encauzar el Plan Marshall en Francia y modernizar la economía del país.

Para Schuman, la política fue una carga que le vino impuesta por sentido de responsabilidad. Desde joven se mostró activo en asociaciones católicas, pero veía la política con suspicacias, «una dama de dudosa reputación», nos explica Victoria Martín en *Europa, un salto a lo desconocido*. Sin embargo, entendió que el servicio a los demás, para el que tenía vocación, debía canalizarlo a través de la política y, tras la segunda guerra mundial, en lugar de retirarse a una vida de oración y silencio en un monasterio, como era su deseo, aceptó volver a enfangarse en la arena política. Un amigo le convenció: «Los santos del futuro serán santos vestidos con traje».

Lo relevante es que todos ellos asumieron la tarea política con vocación de servicio. En 1921, De Gasperi advertirá a su prometida Francesca que la política, vivida como servicio, no da dinero y que él no podrá ofrecerle la vida de comodidades a la que ella está acostumbrada. A cambio, le ofrece la pasión de vivir por unas convicciones que merecen la pena: contribuir al progreso y la reconciliación de su comunidad.

Hoy, sin embargo, hemos de lamentar que en España la política atraiga y premie a aquellos que, sin vocación aparente de servicio ni preocupación por la *res publica*, encuentran en ella el único modo de asegurarse una vida profesional. No caeremos en la tentación weberiana de reclamar políticos rentistas, pero sí resultaría conveniente esforzarse en promover en política a los que pretenden servir al bien común en lugar de a quienes se sirven de ella, sobre todo en momentos extraordinarios.

Convicciones firmes, pero limitadas a lo fundamental

Nuestras convicciones son los mástiles morales a los que nos atamos para sortear las complejidades de la vida. En una sociedad por definición plural, la firmeza en las convicciones debe limitarse a lo fundamental, lo contrario nos impediría la convivencia. Hay cuestiones esenciales sobre las que no cabrá cesión.

Tras la experiencia vivida con la crisis secesionista, no debería permitirse la vuelta a los andamiajes institucionales que han conducido a la situación presente. Hay más: no se trata sólo de una cuestión de procedimiento. Como razona Juan Claudio de Ramón en su *Diccionario de lugares comunes sobre Cataluña*, en una democracia consolidada, el independentismo en una región rica es una reivindicación irrazonable, frívola y poco ética. Debemos atrevernos a impugnar el fondo, no es solamente una cuestión de respeto a la ley. Hay que plantar cara con argumentos, desde la cordialidad y sin estridencias, al independentismo, que se basa en el antagonismo social, el egoísmo económico y la destrucción de vínculos ciudadanos.

En otros muchos debates, sin embargo, tendremos que estar dispuestos a la deliberación cordial, huyendo de sobreactuaciones y radicalismos. Los padres fundadores de la UE fueron ejemplo de esto: no cedieron en las cuestiones fundamentales, pero supieron pactar en todo lo demás.

La carrera política de Adenauer se interrumpió con la llegada al poder de los nazis. Como alcalde de Colonia, se negó a desplegar la bandera de la cruz gamada en la fachada del Ayuntamiento y rehusó recibir al Führer en el aeropuerto. Los nazis le prohibieron pisar Colonia y le mantuvieron aislado de su familia. Tuvo que retirarse de cualquier actividad pública y se vio sumido en una grave situación de penuria económica, igual que le sucedería a De Gasperi por su oposición a Mussolini.

Al principio, durante el auge del fascismo, De Gasperi no rechaza colaborar con Mussolini: «En política todo es relativo y sería absurdo rechazar de antemano la colaboración con un partido determinado si con ello se pudiesen servir de algún modo a los intereses supremos del país, que son el objetivo primero de la política». Pero pronto se dio cuenta del error y rectificó, aceptando en 1924 una alianza antifascista contra Mussolini. La furia del dictador no se hará esperar y De Gasperi será marginado de la vida pública. Se convertirá en un paria que observaba entristecido cómo muchos de sus antiguos compañeros se acomodaban a la nueva situación. El régimen no cesó en su hostigamiento y finalmente acabó en prisión.

Schuman también es un ejemplo de convicciones firmes, pero limitadas a cuestiones fundamentales. Mientras tras la segunda guerra mundial De Gaulle defiende en la Asamblea Nacional el derecho de reparación que Francia debería cobrarse del agresor, Alemania, Schuman se opone, porque teme que se pueda caer en la revancha. Le acusan de filogermano e incluso de traidor, pero no le incomoda. Su único propósito es defender la reconciliación con el pueblo alemán. En realidad, son acusaciones ridículas. Bajo el régimen de Vichy, el Reich se anexionó Alsacia y Lorena. Las autoridades nazis ofrecieron a Schuman un cargo administrativo y al rechazarlo lo encerraron en una prisión local en Metz. Las SS pretendían que cediera y diera su apoyo al nuevo régimen. Ante las reiteradas negativas de Schuman, se ordenó su envío a un campo de concentración. La condena le fue conmutada por arresto domiciliario indefinido gracias a la intercesión de un amigo.

Marcelino Oreja explica que los padres fundadores fueron hombres cuyas trayectorias les preservaron de toda estrechez de espíritu. Todos ellos tenían sólidas convicciones morales: el miedo a perjudicar a su familia y a poner en riesgo su vida no les impidió continuar fieles a sus ideas. Sin embargo, años después, con la llegada de la normalidad democrática hicieron gala de sus dotes negociadoras y su capacidad para llegar a acuerdos en escenarios sumamente complejos y con personas ideológicamente alejadas, como en el caso de De Gasperi, quien llegó a pactar un Gobierno con socialistas y comunistas. Ahora bien, cuando los principios más elementales estaban en juego, no dudaron: «Era mi conciencia la que lo imponía [...] mis convicciones, la dignidad, el respeto por mí mismo, la fidelidad a mi bandera y a mi vida», escribió De Gasperi a su esposa justificando su negativa a doblegarse ante el fascismo de Mussolini.

Todos ellos actuaron cuando muchos otros se acomodaron. Se negaron a ceder y quedaron a la intemperie mientras la mayoría buscaba refugio. Por suerte, la situación que vive nuestro país no se parece en nada a aquella excepcionalidad de Francia, Alemania o Italia bajo el yugo nazi o fascista. Nuestra excepcionalidad es de otro signo. Pero quizá siga siendo heroico combatir discursos dominantes, especialmente cuando son opresivos.

La Europa que diseñaron fue posible gracias a unos liderazgos personales extraordinarios: hombres pragmáticos y valientes, pacientes y audaces. Hombres de profundas convicciones pero que, con mucha flexibilidad, asumieron lo relativo de la política y la necesidad del pacto. Europa tuvo la fortuna de contar con una generación de personas que compartían un sentimiento de responsabilidad histórica. Hombres que llegaron a los momentos culminantes de su carrera cuando ya habían iniciado el ocaso y esperaban poco de la vida. Personas que no se sirvieron de la política para adquirir prebendas, sino que aportaron sus vivencias al desempeño de la política.

España, como Europa hace setenta años, necesita de algunos hombres y mujeres buenos, personas que antepongan el servicio a los demás y la reconciliación de la comunidad a los intereses propios o de sus partidos. Durante la Transición, hace cuarenta años, nuestro país fue capaz de encontrar esos liderazgos. Pensemos en el Rey Juan Carlos I, Suárez, Tarradellas, Carrillo, Fraga, González o Roca. En aquel momento, muchas de las instituciones que gobiernan hoy nuestra vida en común estaban construyéndose o reformándose. Ante cualquier crisis, los liderazgos personales siempre adquieren más relevancia. Algo parecido sucede ahora: con instituciones desgastadas y puestas en cuestión, la necesidad de liderazgos de excepción se vuelve perentoria. Aquellos que no nos conformamos con que España sea una mera entidad administrativa, una fría yuxtaposición de nacionalidades, deberemos esforzarnos en aupar los liderazgos adecuados que estén a la altura de las circunstancias y de los retos de este momento histórico. Que sepan encarar con firmeza, pero sin beligerancia, las amenazas al proyecto común.

Los políticos que quieran o se sientan llamados a contribuir a la salida de la crisis y a la revitalización del pacto constitucional no sólo tienen en nuestra historia nacional modelos a los que seguir, sino que disponen de figuras ejemplares en la tradición europea: patriotismo compasivo, vocación de servicio, firmeza y osadía para superar los lugares comunes y mucha generosidad.

14

El falso debate de la soberanía

Ana Capilla
Doctora en Historia Contemporánea y profesora de Relaciones Internacionales

Introducción

El programa Erasmus de movilidad de estudiantes y el programa Horizonte 2020 de promoción de la I+D+i son algo más que dos de los proyectos estrellas de la Unión Europea. Ambos entroncan con dos ideas fundamentales para entender el origen y la esencia misma del proceso de integración europeo: la necesidad de la reconciliación, el conocimiento mutuo y la armoniosa convivencia entre europeos, y la innovación como base sobre la que construir un futuro común y próspero.

La Unión Europea es en sí misma una gran innovación. Las dos guerras mundiales comenzaron siendo dos guerras civiles europeas, que enfrentaron a Alemania y Francia. Tras 1945, resultaba imprescindible cambiar la dinámica en las relaciones entre los países europeos. Había que «resetear» el continente y lograr superar definitivamente la sangrienta rivalidad entre las dos grandes potencias, enraizada en el propio nacimiento de la nación alemana.

Muchas décadas de competencia y desconfianza, regadas abundantemente con la sangre de sucesivas generaciones de jóvenes galos y germanos, demandaban una propuesta audaz como la presentada por Schuman el 9 de mayo de 1950. Además, un lustro después de concluida la guerra, otros escenarios comenzaban a reclamar la atención de Estados Unidos, que tanto se había implicado en la recuperación europea. El aliado estadounidense necesitaba que la economía del continente se pusiera en marcha de nuevo, y esto suponía que su verdadero motor, la industria alemana, volviera a funcionar a pleno rendimiento. Para Francia tal opción era muy difícil de aceptar. Todo parecía avocar a una repetición del pasado: una derrotada Alemania iba a resurgir una vez más de sus cenizas en un tiempo récord y promover la prosperidad del continente, alimentando con más fuerza si cabe el orgullo nacional teutón.

El plan de Monnet y Schuman, germen de la primera Comunidad Europea, la del Carbón y el Acero (CECA), pretendía que el impulso necesario para reactivar la industria de este sector tan ligado a la producción armamentística no fuera nacional. Para ello resultaba necesario que ambos países pusieran su producción a disposición de una autoridad común y crearan así una comunidad de intereses entre ambos países, Italia y los del Benelux, que les acompañaron en esta aventura. Era una manera pragmática de lograr el objetivo propuesto de generar riqueza, pero a partir de la colaboración mutua y no de la competencia. Compartiendo obligaciones y responsabilidades, a la vez que ventajas y beneficios. Se lograba así estrechar los vínculos entre los dos países vecinos, empezar a construir confianza de verdad entre ellos, que Alemania se incorporara plenamente a la Europa occidental y que Francia mantuviera la iniciativa política. Una alternativa atractiva e innovadora, que rompía el patrón de comportamiento del pasado.

La clave para que este plan funcionara era la cesión de soberanía. Jean Monnet, una figura clave en el alumbramiento y puesta en marcha de tan ingeniosa propuesta, tenía claro, aun antes de concluir la guerra, que el futuro de Europa pasaba por una cierta erosión de la soberanía nacional, pues ésta era la principal amenaza para la tan ansiada paz. De ahí su escepticismo ante los resultados del célebre Congreso de La Haya que dio pie a la creación del Consejo de Europa, una organización internacional clásica de ámbito regional que no preveía transferencias de soberanía. La solución para Europa no podía ser una nueva versión de una receta que ya había fracasado en el pasado y no había logrado evitar el conflicto. La cooperación intergubernamental había demostrado ser insuficiente, así que había llegado el momento de poner en práctica la supranacionalidad.[64] La CECA, primer campo de pruebas de esta integración supranacional, resultó un éxito y animó a los seis Estados fundadores a extender la fórmula al ámbito de la energía nuclear (Euratom) y de la cooperación económica (CEE). Así lo rubricaron en el Tratado de Roma, del que se acaban de cumplir sesenta años.

En estas seis décadas transcurridas, las Comunidades Europeas primero y la Unión Europea después han ido asumiendo nuevas competencias y ampliando su radio de acción. Es el fenómeno conocido como *spill over* o desbordamiento, según el cual la integración en determinados ámbitos exige, para que ésta sea completa y funcional, la integración en otros conexos, y así sucesivamente.

El auge de los partidos populistas, muy críticos con la Unión Europea aunque por razones muy distintas, y, sobre todo, el triunfo del *brexit* en el referéndum de 2016, han puesto el foco sobre el debate de la menguante (o no) soberanía nacional de los Estados Miembros de la Unión. El objetivo de este capítulo es analizar hasta dónde llega realmente este menoscabo de la soberanía nacional y si es cierto, tal y como se afirma, que los Estados miembros han llegado a perder el control del proceso de integración.

¿Qué es la Unión Europea?

La extensión y objetivo de este capítulo no permite detenernos en la evolución del proyecto europeo en estas pasadas décadas. Sí cabe mencionar que fue el célebre Tratado de Maastricht el que crea y da personalidad jurídica a la Unión Europea, integrada por las Comunidades Europeas (la CECA, la CEE y Euratom) con dos ámbitos, la política exterior y de defensa y la coopera-

64. R. Pérez-Bustamante, «Jean Monnet, ciudadano de Europa», editado por la Vicepresidencia Segunda y Consejería de Justicia de la Comunidad de Madrid, Madrid, 2008.

ción en justicia y asuntos de interior, en los que regía la lógica intergubernamental y no la supranacional como en las Comunidades. La Unión Europea ha sufrido importantes cambios desde entonces, tanto en el número de Estados miembros como en su funcionamiento, y todo ello se ha ido plasmando en las sucesivas reformas de los tratados europeos. Pero en ninguna de estas reformas se ha llegado a incluir una definición sobre lo que es la Unión Europea, prueba de que no es una tarea fácil.

El actual Tratado de Lisboa comienza enunciando los principios sobre los que se funda la Unión Europea: respeto a la dignidad humana, libertad, democracia, igualdad, Estado de derecho, y respeto a los derechos humanos, incluidos los derechos de las personas que pertenecen a minorías. En su segundo artículo hace referencia a sus fines, empezando por los más generales, y que cobran pleno sentido en el contexto en el que nace el proyecto comunitario: promover la paz, sus valores y el bienestar de sus pueblos.

Desde un punto de vista formal, las Comunidades Europeas fueron creadas como cualquier otro organismo internacional y los tratados europeos, aún hoy día, son tratados internacionales. La clave, como se ha visto en la introducción, es que las Comunidades no se crearon para ser un foro más de cooperación entre los países europeos, como podía ser el Consejo de Europa, sino un espacio de integración. Los padres fundadores tenían muy claro que la solución a la rivalidad franco-alemana pasaba por fusionar, en sentido casi literal, ambos países en un organismo supranacional, al que ambos debían ceder parte de su soberanía nacional. De este modo se crearía una verdadera comunidad de intereses que los convertiría en socios y aliados. Así se superarían las diferencias que les enfrentaban desde hacía más de medio siglo.

Los padres fundadores confiaban en que este proceso de integración, con el paso del tiempo, fuera abarcando otras áreas, además de las puramente económicas, y contribuyera a la construcción de un proyecto político. Este proceso aún está en marcha. Se ha logrado un notable avance en el ámbito económico, aunque no una integración plena. El objetivo político se ha desdibujado con los años, y tras el fracaso del proyecto constitucional es dudoso siquiera que nos encaminemos hacia el mismo en algún momento.

La dificultad para definir la Unión Europea reside precisamente en estos dos rasgos señalados. Por un lado, que se trata de una figura innovadora, que no tiene ningún equivalente en el mundo. Fue la primera organización supranacional que se creó y ninguna de las que han surgido después ha alcanzado las dimensiones de la UE. A la vez, es un proyecto inconcluso que no ha alcanzado su objetivo final, pues no ha dado lugar a un Estado federal europeo. La Unión Europea, por tanto, trasciende en competencias y poder decisorio a cualquier organización internacional, pero no llega a ser un Estado, ya que carece de atribuciones básicas, empezando por una soberanía y territorio propio.

Es un ente político *único*, en el sentido de que no hay ningún otro similar. Es más que una organización internacional clásica, pero aún está muy lejos de ser un Estado o una federación europea. Se trata de un organismo híbrido en el que conviven elementos intergubernamentales con otros claramente supranacionales.

El papel de los Estados miembros en la gobernanza europea

El proceso de integración ha estado marcado siempre por una constante tensión entre supranacionalismo, un impulso a favor de mayor integración, y la resistencia, por parte de los Estados miembros, a este fenómeno, tratando de sustituir el mismo por fórmulas de cooperación meramente intergubernamentales. Por eso en el seno de la Unión Europea conviven ambas opciones. Hay ámbitos, fundamentalmente los relacionados con el Mercado Común, en los que hay integración y las decisiones son adoptadas por mayoría. Y otros que forman parte del núcleo de soberanía de los Estados miembros —como la política exterior y de defensa o la política fiscal o social—, en la que los países simplemente tratan de coordinarse y las decisiones exigen consenso.

Por último, hay unos pocos ámbitos en los que la Unión tiene competencias exclusivas, esto es, que es la única que puede adoptar actos legales jurídicamente vinculantes. Se trata de unos pocos supuestos en los que resulta indispensable que los Estados miembros cedan el ejercicio de la competencia a Bruselas para la consecución de alguno de los fines que ellos mismos han acordado alcanzar en los tratados. Por ejemplo, una de las consecuencias de tener una unión aduanera es que los Estados miembros tienen que renunciar a tener una política comercial propia. Asimismo, la adopción del euro por parte de los países que quieren entrar en la Eurozona implica traspasar las competencias de política monetaria al Banco Central Europeo.

Todas estas transferencias de competencias por parte de los Estados miembros a favor de la Unión Europea se hacen de forma voluntaria y reglada. Porque la Unión Europea es, ante todo, una organización jurídica que se rige estrictamente por lo previsto en los tratados. Y los tratados son negociados por los Gobiernos de los Estados miembros en las conferencias intergubernamentales (CIG), donde consensuan los cambios que van a introducir en estos textos legales. Las instituciones europeas sólo pueden actuar cuando tienen base jurídica en el tratado que las habilita para ello, esto es, cuando los Estados miembros han decidido que así sea.

Por otra parte, lo que los Estados miembros transfieren en cualquier caso es el ejercicio de tales competencias, pero no su titularidad. Tal y como se ha apuntado anteriormente, la Unión no es un Estado, así que no tiene competencias originarias propias ni puede ser titular de ninguna competencia, porque no hay una soberanía popular que le confiera tales poderes. Los Estados miembros no están renunciando en ningún caso a sus competencias cuando deciden atribuir su ejercicio a la Unión Europea.[65] El hoy célebre artículo 50 del Tratado de Lisboa se basa precisamente en ello, en que el Estado miembro que así lo desee

65. A. Mangas, «La distribución de competencias en la Unión Europea y el principio de subsidiariedad», Fundación Manuel Giménez Abad de Estudios Parlamentarios y del Estado Autonómico, Zaragoza, 17 de diciembre de 2008.

recupere las competencias atribuidas a la Unión y abandone la misma.

Así que ese menoscabo de la soberanía a la que se refería Monnet es siempre limitado y reversible.

Por otra parte, esta atribución de competencias se hace de manera específica, limitada y expresa, como en cualquier otro organismo internacional. Las competencias comunitarias son habilitaciones específicas de los Estados miembros a la Unión para que ésta haga algo concreto. No hay una atribución más genérica por materias, típica de los Estados federales.[66]

En algunos supuestos la Unión es la única que ejerce esa competencia atribuida por los Estados miembros (competencias exclusivas). En otros muchos, el ejercicio de la competencia es compartido entre la Unión y los Estados miembros, con diversos grados de intensidad (compartidas, de apoyo, coordinación y complemento).

La distribución de competencias entre los Estados miembros y la Unión no es, por tanto, una cuestión evidente y esto explica que sea desconocido por gran parte de los ciudadanos. Para la mayoría es difícil discernir el origen último de las normas que se le aplican, más aún cuando muchas normas nacionales son transposiciones de directivas europeas. En ocasiones ni siquiera hay un acto legal europeo que dé pie a la ley nacional, sino que puede ser una resolución, esto es, un acuerdo adoptado en el seno del Consejo Europeo. Tal fue el caso de la reforma que en 2011 se hizo del artículo 135 de la Constitución española a fin de introducir el principio de estabilidad presupuestaria, inspirada en el Pacto de Estabilidad y Crecimiento de la zona euro.

Los Estados miembros deciden qué competencias ceden a la Unión Europea, si atribuyen a la Unión el ejercicio exclusivo o no de esa competencia y, además, controlan también el modo en que la Unión ejerce la competencia atribuida a través del principio de proporcionalidad y el de subsidiariedad.

El primero exige que la iniciativa adoptada por la Unión sea proporcional al objetivo del tratado que se pretenda alcanzar

66. Ibídem.

con la misma, y no se exceda de lo que es necesario para ello. El principio de subsidiariedad obliga a la Unión a justificar en todos los actos legislativos relativos a competencias compartidas por qué ese objetivo no puede ser conseguido por los Estados miembros y debe ser promovido a nivel europeo. Dada la importancia del principio de subsidiariedad como garantía de la soberanía nacional, el tratado prevé un sistema de alerta previo, o *ex ante*, que puede ser activado por los Parlamentos nacionales cuando aprecien que en una propuesta legislativa de la Comisión no se respeta el principio de subsidiariedad. Una garantía extra para los Estados miembros, que pueden impedir que se apruebe una norma europea si consideran que con la misma la Unión se está extralimitando en el ejercicio de las competencias que le han conferido.

Los tratados también prevén una importante salvaguarda de la soberanía nacional en relación con la cláusula de flexibilidad. Como se ha señalado anteriormente, la Unión sólo puede legislar cuando cuenta con una autorización expresa en los tratados. Excepcionalmente, puede impulsar una iniciativa legislativa que carezca de base jurídica de acuerdo con el principio de flexibilidad. Para ello, tiene que justificar que dicha iniciativa es absolutamente necesaria para la consecución de uno de los objetivos de la Unión. En tal caso, para evitar un uso abusivo de esta cláusula por parte de Bruselas, la norma no se puede aprobar por mayoría en el Consejo de la Unión Europea, sino que es necesaria la unanimidad. Esto es, todos los Estados miembros tienen que votar a favor y de este modo autorizar expresamente a Bruselas para que actúe en un ámbito no previsto en el tratado.

Esta sucinta explicación técnica, aun a pesar de carecer del grado de detalle y profundidad que la cuestión requiere, resulta significativa a la hora de entender que la complejidad del funcionamiento de la Unión Europea y de su ordenamiento jurídico se debe, en parte, a que los Estados miembros han ido incluyendo procedimientos y mecanismos con los que poder frenar las iniciativas comunitarias que vayan más allá de lo que ellos han autorizado a hacer en los tratados. Los Estados miembros asumen que el supranacionalismo fue desde el principio una característica fundamental del proyecto comunitario y es clave en su éxito. Por ese motivo también se han preocupado de tomar las cautelas necesarias para controlar en todo momento, y en su caso contener, la transferencia de poder a favor de la Unión Europea.

La pugna entre instituciones europeas

La relación entre las propias instituciones europeas responde en gran medida a la lógica antes señalada de tensión o búsqueda de equilibrio entre supranacionalismo y cooperación intergubernamental. Hay instituciones en las que predomina el elemento supranacional, como es el caso de la Comisión y el Parlamento Europeo, y otras cuyo objetivo es, precisamente, representar a los Estados miembros. Estas últimas son el Consejo de la Unión Europea, en el que se sientan los ministros nacionales, y sobre todo, el Consejo Europeo, integrado por los jefes de Estado y de Gobierno de todos los países miembros de la Unión.

La Comisión Europea, guardiana de los tratados y promotora del interés común y de la integración, es claramente una institución supranacional. Se puede asimilar al Ejecutivo de un Estado, con un presidente que hace las funciones de primer ministro y unos comisarios que actúan como ministros, responsables de una cartera. Desde 2014, el número de comisarios debería haberse reducido en vez de seguir con uno por Estado miembro. La Comisión es una institución independiente y en ningún caso sus miembros actúan en el colegio de comisarios como representantes de su país. De hecho, está prohibido expresamente que reciban instrucción alguna por parte de las autoridades nacionales. Pese a todo, los Estados miembros se resisten a renunciar a la garantía de tener un puesto en la Comisión.

El presidente de la Comisión, a fin de dotar de mayor legitimidad a la institución, es elegido por el Parlamento Europeo, pero el candidato es propuesto por el Consejo Europeo, teniendo en cuenta el resultado de las elecciones europeas. En las pasadas elecciones de 2014, se aplicó por primera vez el sistema de

Spitzenkandidaten o «candidatos líderes», según el cual cada partido político europeo concurrió a las elecciones al Parlamento Europeo indicando qué candidato iba a proponer como presidente de la Comisión si obtenía la mayoría de sufragios. El Partido Popular Europeo propuso al luxemburgués Juncker; el Partido Socialista Europeo apostó por el alemán Schulz; los liberales europeos propusieron al belga Verhofstadt; los Verdes a la alemana Keller y la Izquierda Europea al griego Tsipras. De este modo, todos los europeos acudieron a las urnas sabiendo a qué candidato estaban apoyando como presidente de la Comisión al votar a un determinado partido.

Es una fórmula más transparente y democrática, con la que se pretende combatir la creciente desafección de los europeos hacia sus instituciones, que se manifiesta en la baja participación en las elecciones al Parlamento Europeo. No obstante, para que funcione resulta imprescindible que el Consejo Europeo se comprometa con la misma y realmente proponga al candidato designado por la fuerza política que haya obtenido mayoría en las elecciones. Pero no todos están de acuerdo con este sistema. Francia y otros países han mostrado recientemente su disconformidad y desean volver a la designación potestativa por parte del Consejo Europeo de cualquier candidato perteneciente a la familia política que haya tenido más respaldo en las elecciones europeas.

Esta controversia ilustra bien las tensiones antes referidas, y que en gran medida se concentran en torno al Consejo Europeo y la Comisión. El primero tiene su origen en las reuniones informales que desde los años setenta los jefes de Estado y de Gobierno vienen celebrando periódicamente, pero que no adquieren la condición de institución hasta el Tratado de Lisboa. Como se ha señalado antes, la Unión Europea es, ante todo, una creación jurídica, que se rige por lo establecido en sus textos legales. Así que la omisión reiterada del Consejo Europeo en las sucesivas reformas de los tratados sólo se entiende en la medida en que los Estados miembros preferían que este foro de debate y consulta escapara de las rigideces del ordenamiento comunitario.

Durante ese tiempo, el Consejo Europeo ha ido ganando un gran peso en Bruselas. Resulta lógico, obviamente, si tenemos en cuenta que lo integran los máximos responsables políticos de cada Estado miembro. En cierto modo resultaba extraño que ellos no estuvieran presentes en ninguna institución y, sobre todo, que las decisiones europeas se pudieran adoptar a nivel de ministro. Resultaba necesario que hubiera una instancia superior a la que los ministros pudieran elevar las consideraciones más generales y transversales, así como las más relevantes.

El Consejo Europeo es la institución de la que emanan las orientaciones generales sobre el proceso de integración europeo y la toma de posición en temas de especial sensibilidad o trascendencia. Entre otras importantes funciones, se encarga de proponer a los candidatos a los puestos claves de la Unión, como el presidente de la Comisión o del Banco Central Europeo. También tiene un papel protagonista en el proceso de ampliación de la Unión Europea, en su política exterior y, como se ha visto en los últimos años, en la resolución de las principales crisis europeas: el euro, refugiados, *brexit*, etc. Su rol en estos casos va mucho más allá de definir «orientaciones y prioridades políticas generales» que deben servir como referencia a las iniciativas lanzadas por la Comisión. Los acuerdos que se alcanzan en el seno del Consejo Europeo son cada vez más detallados y concretos, restringiendo por tanto el margen de acción de la Comisión.

La Comisión, por su parte, ha aprovechado también el contexto de crisis en su propio beneficio, como demuestra la creación del denominado «semestre europeo». En virtud de éste, la Comisión ha logrado tener un control más estricto de las cuentas y presupuestos nacionales, a los que somete a un detallado y continuado escrutinio con el pretexto de preservar la estabilidad económica de la Unión, especialmente de la eurozona. No obstante, el Consejo Europeo se ha encargado de poner límites a la ambición de la Comisión, como demuestra el hecho de que el Mecanismo Europeo de Estabilidad (MEDE), que es el marco permanente de resolución de crisis económicas de los países de la zona euro, se creó en 2010 al margen de esta institución. Se trata, en realidad, de un instrumento de cooperación intergubernamental que se rige por sus propios órganos de gobierno y normas de funcionamiento.

El verdadero y necesario debate: el futuro de Europa

Sirvan las páginas precedentes para, a través de ejemplos muy concretos y sin ánimo de ser exhaustiva, justificar el título de este capítulo. Es falso el debate sobre la soberanía en la Unión Europea, entendido como un proceso continuo y, sobre todo, involuntario e incontrolado de pérdida de soberanía nacional en favor de las instituciones europeas. Los Estados miembros no sólo no han renunciado a ninguna competencia, sino que además han hecho del Consejo Europeo la institución más poderosa de Bruselas. Se ha logrado sobre todo a costa del poder de la Comisión, que durante la presidencia de Delors logró convertirse en el motor del proceso de integración.

En consecuencia, también es difícil de mantener la idea de que los Estados miembros son rehenes de burócratas europeos, quienes serían los que realmente manejan los hilos de poder. Todo lo contrario, son los jefes de Estado y de Gobierno los que actualmente no sólo señalan la dirección o rumbo que debe tomar la Unión, sino que se encargan directamente de las negociaciones y toma de decisiones más sensibles y relevantes.

Como se ha mencionado más arriba, en los últimos años Europa se ha enfrentado a situaciones y circunstancias ciertamente complejas: desde ataques terroristas a llegadas masivas de inmigrantes, pasando por una muy difícil situación económica que amenazó la subsistencia misma del euro. Son crisis que han sacudido los cimientos mismos del proyecto europeo y grandes logros como la moneda única, Schengen o el Convenio de Dublín. La gravedad y urgencia de tales circunstancias quizá explique la deriva del Consejo Europeo, mucho más preocupado en lo coyuntural y táctico que en definir hacia dónde debe avanzar el proyecto europeo.

Sin embargo, éste es el verdadero debate que hay que plantear en la Unión. Porque del mismo depende en gran medida la respuesta que se pueda dar a todas esas situaciones críticas.

Hace dos años, en marzo de 2017, la Comisión Europea publicó un *Libro Blanco sobre el futuro de Europa* en el que planteaba cinco posibles escenarios:

1. Seguir igual: la Unión se centraría en cumplir con el programa de reformas ya aprobadas.
2. Sólo el Mercado Único: la Unión se vuelve a centrar en completar el Mercado Único.
3. Los que desean hacer más, hacen más: la Unión permite a los Estados miembros que quieren más integración en ciertos ámbitos que avancen por su cuenta.
4. Hacer menos pero de forma más eficiente: la Unión se centraría en acelerar los logros en determinados ámbitos e intervenir menos en los demás.
5. Hacer mucho más conjuntamente: los Estados miembros deciden hacer mucho más conjuntamente en todos los ámbitos políticos.[67]

Tal y como este documento revela, en realidad todas las direcciones son posibles, también ir marcha atrás y deshacer parte del camino andado. En cualquier caso, lo que el *Libro Blanco* deja claro es que el futuro de la Unión Europea es una responsabilidad compartida y que el mayor peso de la decisión recae sobre los propios Estados miembros, como siempre. La cuestión es cuánto tiempo más se va a aplazar este debate.

La Unión Europea acaba de celebrar su sesenta aniversario inmersa en una gran incertidumbre acerca de su futuro. El proyecto europeo entró en *impasse* el 23 de junio de 2016, cuando el 51,9 por ciento de los británicos manifestaron que no querían seguir participando del mismo. Pero no fue el resultado negativo de este referéndum el que abrió el gran interrogante acerca del proceso de construcción europeo, sino los cosechados en Francia y Países Bajos con ocasión del proceso de ratificación de la denominada Constitución Europea.

Desde el Tratado de Roma, firmado en 1957, cada reforma o aprobación de un nuevo tratado ha servido para identificar el siguiente gran objetivo del proyecto de integración europeo: unión aduanera, mercado común, mercado interno, unión mo-

67. *Libro Blanco sobre el futuro de la Unión Europea*, Comisión Europea, 1 de marzo de 2017.

netaria... A veces la consecución de tales fines ha requerido más tiempo y esfuerzo de lo previsto, porque el contexto político o económico enfriaba el compromiso europeo de los Estados miembros. El ejemplo más evidente fue el período de estancamiento que vivió el proceso de integración coincidiendo con la crisis del petróleo, que destruyó millones de trabajos en Europa. Nuestro continente salió de esta fase de «euroesclerosis» gracias al impulso del Acta Única Europea y de la Comisión Delors, razón por la cual esta institución consiguió ganar competencias y atribuciones en este período.

Lograr construir un gran mercado de 500 millones de consumidores o la creación del euro han sido hitos fundamentales que preparaban el camino para la unión política. Jean Monnet y Robert Schuman, tal y como plasmaron en la Declaración del 9 de mayo de 1950, entendían que el establecimiento de unas bases comunes de desarrollo económico constituía la primera etapa de la federación europea. Un objetivo muy ambicioso y que no se podía hacer de una vez, sino a partir de realizaciones concretas, que crearan en primer lugar una solidaridad de hecho. Ésta es la esencia misma del método comunitario, verdadero motor del proceso de integración.[68]

Por este motivo, los seis países fundadores, al firmar el Tratado de Roma en 1957, se comprometieron a sentar las bases para «una unión cada vez más estrecha». En 1973, cuando se produjo la primera ampliación, los nuevos Estados miembros suscribieron este mismo Tratado. La adhesión del Reino Unido a las entonces Comunidades Europeas supuso, por tanto, asumir este compromiso de avanzar hacia la integración política, que es el fin último que se persigue.

El proyecto de Constitución Europea pretendió ser el primer paso firme en esta dirección. En diciembre de 2001 los jefes de Estado y Gobierno, reunidos en el Consejo Europeo de Laeken,

68. Ver a este respecto el discurso del académico de número Excmo. Sr. D. Marcelino Oreja Aguirre «Los orígenes de la Unión Europea: el método comunitario», sesión de la Real Academia de Ciencias Políticas y Morales, 28 de mayo de 2013.

decidieron convocar una convención de sabios para reflexionar sobre el futuro de Europa. Se habían logrado, aunque con matices, las cuatro libertades (mercancías, personas, capitales y servicios) y en apenas un mes el euro iba a comenzar a circular. Había pasado poco más de una década desde la caída del Muro de Berlín y los países del Este estaban preparando su adhesión a la Unión Europea, que se produjo en 2004 y 2007. El continente estaba a punto de cerrar sus heridas definitivamente y reunificarse.

Europa comenzaba una nueva etapa y la UE quería adaptar su estructura a esta cambiante realidad y a las oportunidades que se abrían. Como signo de los nuevos tiempos, se optó por que el nuevo tratado fuera fruto de un proceso más abierto y participativo, y no una mera negociación entre Gobiernos. La Convención sobre el futuro de Europa, presidida por Giscard d'Estaing, abrió la discusión a parlamentarios nacionales, eurodiputados, miembros de la Comisión Europea y a la sociedad civil en general. Después de meses de debate, la Convención propuso un texto de Constitución Europea que fue a su vez negociado por los Estados miembros en una posterior conferencia intergubernamental (CIG), que es el mecanismo clásico de reforma de los tratados europeos. No hay que olvidar, como se ha señalado anteriormente, que los tratados europeos son tratados internacionales. También lo era el tratado constitucional que, pese a su denominación, estaba lejos de fundar o constituir un Estado federal europeo.

Tan sólo era un intento esforzado de aproximar el texto desde un punto de vista formal a las constituciones nacionales, incluyendo, por ejemplo, la Carta de Derechos Fundamentales de la Unión. En su contenido también se apreciaba un intento de empezar a dotar a la UE de una apariencia de Estado, con la creación de figuras como la del presidente de la Unión y un ministro de Asuntos Exteriores. Como parte de este ejercicio de ilusionismo y buena voluntad, varios Estados miembros decidieron convocar referéndums y así dotar de mayor legitimidad a un tratado que ni siquiera se puede decir que contuviera realmente el germen de una unión política, aunque sí que expresaba un compromiso concreto con este objetivo.

La mayoría de las consultas populares que se celebraron en

Europa en la primavera de 2005 fueron convocadas voluntariamente por los Estados miembros, para dotar de mayor formalidad y legitimidad al proceso de ratificación del tratado constitucional. Tan sólo en algunos pocos casos, como en el de Irlanda, la consulta venía obligada por su ordenamiento constitucional, lo que prueba que los Estados miembros también contribuyeron a alimentar esa ilusión creada en torno al tratado constitucional. No fue sólo cosa de Bruselas. Este proceso especial de ratificación del tratado constitucional fue abortado abruptamente después de que el 55 por ciento de los franceses y el 62 por ciento de los holandeses votaran en contra del mismo.

El problema con los referéndums es que si son afirmativos actúan como un gran legitimador, y si son negativos actúan como un gran desorientador pues agrupan muchas motivaciones muy distintas entre sí, incluso contradictorias.[69] La Unión Europea sigue desorientada y doliente tras el golpe sufrido aquel verano de 2005. Lo prueba el hecho de que casi tres lustros más tarde, aún no sabemos hacia dónde se dirige el proceso de integración o si, como algunos defienden, en realidad habría que dar marcha atrás en determinados ámbitos. Éste es el verdadero debate que Europa necesita.

El elemento distorsionador: el populismo

La irrupción del populismo en la política europea en los últimos años ha causado una gran distorsión pero, en realidad, tiene mucho que ver con los acontecimientos que se acaban de señalar. A pesar de que los movimientos populistas no se rigen precisamente por la razón y la reflexión que debería acompañar el debate que necesita Europa, son un elemento importante del mismo. Un elemento distorsionador, pero necesario porque en realidad está muy relacionado con ese *impasse* en el que se encuentra el proyecto europeo.

69. I. G. García-Valdecasas, «El rechazo al proyecto de Constitución Europea: un análisis retrospectivo», *ARI*, 159 (27 de diciembre de 2005), Real Instituto Elcano.

Pocos días después del referéndum británico sobre la permanencia en la Unión Europea, Marine Le Pen publicaba un editorial en *The New York Times* en el que advertía que los resultados de la consulta popular en Francia y Países Bajos fueron el primer signo evidente de que la UE es un imperio moribundo, y acabará por desaparecer como sucedió con la URSS.[70] La política francesa tiene razón al señalar que el «no» galo y holandés fue un grito de atención sobre algunos temas que en los últimos años han ganado gran protagonismo en el debate político doméstico y europeo, y de los cuales formaciones populistas como la suya han sacado un gran provecho.

En gran medida, los ciudadanos utilizaron las consultas de 2005 y 2016 para demostrar su insatisfacción y desconfianza hacia la Unión, porque sentían que ésta no estaba protegiendo sus intereses. No defendía sus puestos de trabajo frente a la competencia del *fontanero polaco*[71] o la empresa que trasladaba su fábrica a países en desarrollo para pagar salarios más bajos. Tampoco les defendía frente a los inmigrantes que disfrutaban de los beneficios de nuestras sociedades, pero se negaban a asumir los valores europeos de convivencia, democracia y Estado de derecho.

Conviene recordar que el asesinato del cineasta holandés Theo Van Gogh, autor de una película que denunciaba el islamismo, se había producido apenas unos meses antes de la votación sobre el tratado constitucional. También, que por aquel entonces la *banlieue* parisina llevaba en llamas varios meses, demostrando la desafección de los inmigrantes de segunda y tercera generación respecto a su país de acogida. En ese contexto, los europeos fueron llamados a las urnas para pronunciarse sobre una propuesta de unión política europea, en la que podría integrarse Turquía, país candidato a entrar en la UE. Este hecho revela la desconexión de Bruselas con los ciudadanos europeos, pero también la de los propios Gobiernos nacionales que, pu-

70. M. Le Pen, «After Brexit: the People's Spring is Inevitable», *NYT*, 28 de junio de 2016.

71. «El "fontanero polaco" era un mito», *El País*, 14 junio de 2005.

diendo haberse ahorrado la consulta, decidieron convocar el referéndum. No es de extrañar que los partidos que entonces estaban en el Gobierno hayan retrocedido en apoyo y votos, y se hayan visto desplazados por las formaciones populistas.

El proceso de ratificación de la Constitución Europea quedó detenido tras el voto negativo de los Países Bajos. No obstante, la Unión se preparaba para que entraran varios países nuevos, así que era imprescindible reformar las instituciones europeas para poder acogerlos. Después de varios intentos fallidos (Tratado de Niza y de Ámsterdam), los Estados miembros habían alcanzado por fin un acuerdo sobre el diseño institucional de la Europa ampliada que se plasmó en el tratado constitucional. Las cuestiones institucionales (número de comisarios, número de europarlamentarios, sistema de voto en el Consejo de la Unión Europea, etc.) son siempre las más sensibles y, por tanto, las más difíciles de consensuar, porque se trata de una negociación sobre el reparto de poder en la Unión. No había ningún interés por parte de Bruselas y las capitales europeas de reabrir este debate. La solución que se encontró fue convocar una CIG (conferencia intergubernamental). Esta CIG aprobó una nueva reforma del Tratado de la Unión Europea, que fundamentalmente respondía al texto constitucional. Tan sólo se eliminaron todos aquellos elementos más «estatales» o «federales».

El bautizado como Tratado de Lisboa fue ratificado según el procedimiento previsto en cada país miembro, que en la mayoría de los casos requiere tan sólo de aprobación parlamentaria. No obstante, como se ha apuntado anteriormente, la ley irlandesa obligó a celebrar un referéndum para la aprobación del Tratado de Lisboa. Se celebró tres años después del francés y el holandés, y el resultado fue también negativo. Para el profesor O'Brennan, este resultado se debe entender como un rechazo por parte de los irlandeses, que sienten un gran afecto hacia su propia identidad, hacia los conceptos más amplios y fluidos de identidad que representa la Unión Europea.[72]

72. J. O'Brennan, «Ireland says No (again): the 12 June 2008 Referendum on Lisbon Treaty», *Parliamentary Affairs*, 62, 2, 2009, pp. 258-277.

No es un fenómeno exclusivamente europeo. En otras partes del mundo también se aprecia un auge de políticas nacionalistas y proteccionistas, que vienen de la mano de Gobiernos populistas. De este modo, lo acaecido hace casi quince años en las consultas populares de Francia, Países Bajos e Irlanda adquiere pleno significado si se toma en consideración el creciente apoyo que desde entonces han ido cosechando los partidos populistas en nuestro continente o la ajustada victoria a favor del *brexit*. Ahora podemos concluir que muchos ciudadanos estaban expresando su rechazo a la Unión Europea porque ésta defiende valores y promueve políticas que representan para ellos una amenaza: la libre circulación de personas, servicios, bienes y capitales; un mercado interior regido por las leyes de la libre competencia; la defensa de políticas comerciales liberales y la globalización; la ampliación de la Unión a nuevos países europeos; la austeridad presupuestaria como modo de garantizar un euro fuerte; la digitalización de la economía y la sociedad, etcétera.

El profesor Ivan Krastev ha advertido de la brecha que se está produciendo en el seno de las sociedades europeas entre una élite cosmopolita, cualificada y cada vez más meritocrática, para la que Europa y sus políticas representan una gran oportunidad, y una población menos cualificada y vinculada a sectores económicos claramente perjudicados por la competencia de otros Estados miembros o de terceros Estados. Es un fenómeno preocupante, pues representa un serio riesgo para la cohesión social. Esas élites europeas están muy conectadas entre sí a través de redes horizontales, hasta el punto de que un banquero de Fráncfort siente que tiene más en común con un colega luxemburgués que con el conductor del autobús que coge cada día para ir al trabajo.[73] Esta fractura social se ha hecho especialmente evidente, incluso desde un punto de vista geográfico, en el Reino Unido como consecuencia del *brexit*, igual que en Estados Unidos tras las últimas elecciones presidenciales.

73. I. Krastev, *After Europe*, PENN University of Pennsylvania Press, Filadelfia, 2017.

Como explica Krastev, el voto populista procedente de las zonas desindustrializadas y deprimidas del continente europeo, Gran Bretaña o Estados Unidos está reclamando a esas élites —que sí se han beneficiado de la globalización— lealtad, sacrificio y compromiso con ellos, con los chalecos amarillos de turno, con los «perdedores» de la globalización.[74] Con los que han pagado el precio de un mundo sin fronteras, aranceles o ayudas de Estado que distorsionen la libre competencia.

Por ese motivo, en un primer momento cundió el miedo al contagio. El partido de ultraderecha Alternativa para Alemania planteó un posible *dexit*; Marine Le Pen propuso un *frexit*; Demócratas de Suecia también abogaron por un *swexit*... A día de hoy, estos mismos partidos están promoviendo una gran alianza europea de cara al nuevo ciclo político europeo. Su objetivo ahora no es acabar con el euro o con la propia Unión, sino llevar a Bruselas una visión alternativa sobre Europa para los próximos cincuenta años.

Este giro programático nada menor se explica, sin duda, por las enormes dificultades que está planteando la salida británica de la Unión Europea, y los efectos tan devastadores que esto está teniendo en la sociedad y la política de dicho país. Es muy probable que los partidos populistas estén también reaccionando a la evolución que ha habido en la opinión pública en relación con esta cuestión. El *brexit* ha tenido también un efecto balsámico en la misma y ha servido para calmar los excesos más antieuropeístas.

La estrategia populista pos-*brexit* pivota en su capacidad de convencer al electorado, sobre todo a los más decepcionados, que ellos pueden generar el cambio que están demandando. Porque lo que las encuestas señalan es que en estas elecciones al Parlamento Europeo el choque no va a ser entre europeístas y eurófobos, sino entre quienes se sienten razonablemente satisfechos con el actual *statu quo* y quienes creen que el sistema no funciona y hace falta un cambio. No obstante, este último, el voto indignado, no en todos los países necesariamente se va a traducir en apoyo a las fuerzas populistas. Hay que tener en cuenta que

74. Ibídem.

éstas ya gobiernan en varios países de la Unión, por lo que se han convertido en parte del sistema. Del mismo modo, la percepción sobre Europa varía mucho de un Estado miembro a otro. En algunos, Europa es parte del problema, porque está integrada en el sistema que no funciona. Para otros, España incluida, es parte de la solución.[75] Nuestro país, fiel a su tradición, sigue percibiendo como positivos los vientos que vienen de Europa. Quizá porque han demostrado ser capaces de disciplinar la política económica hasta de los Gobiernos más heterodoxos e irresponsables.

En este sentido, es muy alentador saber que a día de hoy la Unión no es sólo una garantía frente a excesos económicos, sino también políticos, como ha demostrado Bruselas en su pulso contra el Gobierno polaco del partido Ley y Justicia por la reforma del Tribunal Constitucional, que suponía una grave vulneración del principio de división de poderes. La presión ejercida por la Comisión Europea y el Tribunal de Justicia de la UE, en aplicación del Tratado, han forzado al Ejecutivo polaco a renunciar a una iniciativa que atentaba contra la independencia judicial. Este caso ha llevado a la Comisión a lanzar un debate sobre la conveniencia de reforzar los mecanismos con los que cuenta la Unión para prevenir situaciones como la señalada y, por tanto, preservar uno de los objetivos de la Unión, que es la defensa del Estado de derecho.

Es una cuestión, sin duda, a abordar en ese necesario debate. ¿Están los Estados miembros dispuestos a conceder más poderes a la Comisión para que fiscalicen su acción de gobierno y evitar así que pongan en entredicho el Estado de derecho? Los países europeos tan sólo están dispuestos a sufrir un menoscabo en su soberanía nacional cuando perciben que el beneficio que van a obtener por ello compensa ese sacrificio. En este caso, desde la perspectiva de un Gobierno nacional, pueden plantearse serias dudas sobre la conveniencia de apretar el corsé político que supone este mecanismo de defensa del Estado de derecho. Sin embargo, para los ciudadanos sí que resultaría positivo saber que

75. I. Krastev, M. Leonard y S. Dennison, «What Europeans really want: five myths debunked», European Council on Foreign Relations, abril de 2019.

Europa va a velar por que ningún Gobierno utilice su mayoría para llevar a cabo prácticas que menoscaben sus derechos y libertades políticas. Sobre todo, porque algunos ejecutivos europeos han demostrado no ser del todo inmunes a tales prácticas. Por otra parte, cabe preguntarse si es posible o viable una Unión Europea que incluya democracias *iliberales*, o si esto representaría definitivamente el fin del proyecto europeo.

Conclusiones

Después del terrible incendio sufrido por la catedral de Nuestra Señora de París resulta difícil resistirse al paralelismo entre la Unión Europea y la dañada catedral. Más aún porque cuando el presidente Macron apeló a los franceses —nación de constructores, según sus palabras— a embarcarse en la tarea de su reconstrucción, también estaba pensando en la necesidad de restaurar las heridas de la sociedad francesa, que los chalecos amarillos habían sacado a la luz.

Lo cierto es que el proyecto europeo en los últimos años ha padecido incendios de grandes dimensiones, que a punto han estado de hacer colapsar el edificio comunitario. Sin embargo, sus pilares están demostrando ser tan resistentes como los de la catedral símbolo de Francia. Tanto es así que quienes hasta hace poco estaban dispuestos a derruirlo, ahora quieren formar parte de su reconstrucción. Esto es, en realidad, una muy buena noticia. Los populistas tienen que formar parte necesariamente de este proceso y del debate sobre el futuro de Europa pues, como se ha señalado, ellos se han servido y han explotado síntomas que durante bastante tiempo se han ignorado. Por otra parte, es probable que su capacidad para distorsionar o desvirtuar el debate sea menor de lo que cabría esperar. En primer lugar, porque en varios países han perdido su credibilidad como agentes del cambio, al demostrar en poco tiempo su capacidad para integrarse en el sistema que supuestamente querían combatir. A algunas formaciones populistas ni les ha hecho falta gobernar para acabar formando parte de la «casta». En segundo lugar, es poco probable que estos partidos lleguen a formar un bloque sólido en las instituciones europeas, pues hay cuestiones muy relevantes que les separan y en las que es difícil que lleguen a un acuerdo, como es la relación de Europa con la Rusia de Putin. Por último, y ante la perspectiva de que el Reino Unido antes o después acabará dejando la Unión, éstos pueden asumir el rol que este país jugaba y contribuir a enfriar las propuestas más ambiciosas de Bruselas pero con menos respaldo popular fuera de los restringidos círculos de la capital belga.

Se vislumbra un horizonte en el que las fuerzas políticas tradicionales no serán hegemónicas, pero sí seguirán siendo mayoritarias. Así que son ellas las que tienen que liderar ese proceso de reconstrucción, y enarbolar la bandera europeísta que ahora también defienden las fuerzas populistas. De hecho, este cambio de dirección de los populistas debería ser explotado más abiertamente por quienes sí tienen verdaderas credenciales europeístas, especialmente por los herederos de los políticos democristianos, verdaderos arquitectos del proyecto europeo. Los cuales, como he señalado al inicio de este capítulo, fueron capaces de cambiar el curso de la historia europea mediante una iniciativa muy innovadora, a la cual se sumaron cada vez más países porque confiaron en que ésta contenía la promesa de un futuro mejor que el que podían alcanzar ellos individualmente.

A pesar de la frustración y el enojo de muchos europeos, esto sigue siendo así. La Unión Europea permite a los Estados miembros tener un peso muy destacado en la economía global, abarcar proyectos de gran envergadura, como la digitalización de la economía o firmar acuerdos comerciales preferenciales con las principales economías del mundo. Europa es el instrumento que permite a los Estados miembros disfrutar de oportunidades que de otro modo no tendrían y que, en un mundo globalizado y en una sociedad del conocimiento como la actual, son indispensables para generar crecimiento económico y prosperidad. Si los países europeos no han perdido el tren de la economía del siglo XXI es porque hace más de seis décadas decidieron apostar por la integración y desde entonces han avanzado en esa fórmula.

La distribución de estas oportunidades y de la riqueza asociada a las mismas no es equitativa entre los Estados miembros, que disfrutan de capacidades distintas. Precisamente por ello hay una política europea regional y de cohesión que apoya la creación de empleo, la competitividad empresarial, el crecimiento económico y, en general, la mejora de la calidad de vida de los ciudadanos de los territorios más desfavorecidos de la Unión Europea, para cerrar la brecha con los más ricos. Casi un tercio de los presupuestos europeos se destinan a ese fin.

Resulta evidente que lo hecho hasta ahora no es suficiente, pues muchos europeos han perdido la fe en que les espera un futuro mejor, una idea que ha funcionado como verdadero motor del proceso de integración. Pero en el debate sobre esta cuestión hace falta tomar también en consideración las políticas nacionales de cada Estado miembro. La llamada Europa social es poco más que un mero título, porque lo cierto es que las políticas sociales corresponden a los Estados miembros. También la política educativa que, como se ha apuntado anteriormente, tiene mucho que ver para explicar quiénes son ganadores y quiénes perdedores de la globalización y de la integración europea.

La reconstrucción de Europa requiere que, por fin, las fuerzas políticas hagan un discurso abierto y transparente sobre qué responsabilidades debe asumir cada país individualmente y cuáles comparte con el resto de Estados de la Unión. La complejidad de la distribución competencial a la que se ha hecho referencia ha servido en muchas ocasiones como coartada para que los Gobiernos nacionales eludieran su responsabilidad sobre las decisiones más polémicas e impopulares. Durante demasiado tiempo los Gobiernos han sido incapaces de resistirse a la tentación de atribuir las mismas a Bruselas y evitar así asumir su precio político. Por mucho que, como se ha visto, ellos tienen mucho que ver, como no puede ser de otro modo, con las normas europeas.

De hecho, no han sido realmente las fuerzas populistas las que durante años han alimentado interesadamente esa idea de que la toma de decisiones en la capital comunitaria no corresponde a ningún responsable político, sino a una serie de funcionarios grises. A partir de esta base, los populistas han construido una teoría más bien propia de la ciencia ficción según la cual la Unión Europea, o sea los burócratas que dirigen las instituciones, como si fueran un trasunto de HAL 9000, habrían tomado conciencia de que son piezas fundamentales para mantener la Unión en funcionamiento y se habrían hecho con el control de la organización. Lo que explicaría que la UE ya no esté al servicio de los europeos, sino que se preocupe tan sólo de garantizar su subsistencia y de seguir acaparando poder en detrimento de los Estados miembros.

Es una narrativa disparatada, pero que no ha sido suficientemente combatida por los partidos tradicionales, y esto sorprende porque para que esto fuera así, sería necesario, en primer lugar, probar que, mientras ellos han gobernado, han dejado de ejercer los mecanismos que tienen a su disposición para controlar la toma de decisiones en Bruselas. En segundo lugar, supondría también que los miembros de estos partidos que han ocupado puestos en las instituciones europeas no han ejercido el poder que se les ha atribuido, sino que lo han delegado del todo en los funcionarios europeos, sin siquiera supervisar lo que éstos hacían, lo cual supone tanto como afirmar que el presidente de la Comisión Europea y los 27 comisarios europeos, los 751 eurodiputados, las decenas de ministros nacionales que se reúnen en las distintas formaciones del Consejo de la UE, los 28 embajadores permanentes ante la UE, el presidente del Consejo Europeo y los 28 jefes de Estado y Gobierno que forman parte del Consejo Europeo son, todos ellos, rehenes de esa élite de funcionarios europeos, los únicos realmente capaces de manejar una máquina tan compleja como es la UE. Ni uno solo de estos políticos y altos funcionarios nacionales es capaz de comprender suficientemente bien la organización como para evitar ser manipulados por los funcionarios europeos participantes en esa supuesta conspiración.

Resulta fundamental ofrecer un discurso alternativo a los ciudadanos europeos, el discurso de la responsabilidad que las formaciones de centro-derecha de nuestro continente conocen tan bien. Y comenzar explicando que en un mundo globalizado e interconectado como el actual, la sacrosanta soberanía nacional es un mito del pasado. De un modo u otro, todos los Gobiernos se ven restringidos en su acción de gobierno, ya sea por los mercados o por las *fake news*. En Europa llevamos décadas aplicando un modelo de soberanía híbrida o compartida que responde especialmente bien a un contexto de transición y cambios acelerados en todos los órdenes, incluido el político y el de las relaciones internacionales. La tensión es cada día mayor en la escena internacional y la situación más preocupante ante el riesgo de que se rompan antiguas alianzas. Ante tal perspectiva, cobra aún más valor pertenecer a una unión que tiene pilares sólidos, fundamentados además en el compromiso compartido con unos mismos valores y fines.

Ha llegado el momento de aprovechar la estructura construida estas décadas para reforzar esos pilares, quizá eliminar añadidos que han dejado de ser necesarios o funcionales y, sobre todo, erigir entre todos un nuevo edificio adaptado a las necesidades actuales y futuras de una ciudadanía europea. Ciudadanía que es cada vez más consciente de los desafíos que nos esperan en los próximos años y que, por tanto, entiende cada vez mejor los sacrificios que hay que realizar para afrontarlos.

15

Geopolítica, guerras comerciales y otros retos de la Unión Europea en el siglo XXI

Miguel Papí Boucher
Funcionario del Parlamento Europeo

Pablo Sanz San José
Administrador de la Comisión de Mercado Interior y Protección del Consumidor del Parlamento Europeo

Introducción. La Europa de las crisis (2008-2014)

La Unión Europea ha sufrido desde el año 2008 un cúmulo de sucesivas crisis de gran envergadura que, por estar interconectadas, han producido un importante impacto en el seno de la Unión Europea. La crisis del euro, la primavera árabe, el conflicto político y posterior ocupación militar rusa de Ucrania o la crisis migratoria, entre otras, han tenido tal magnitud y recorrido político que llevaron al propio presidente de la Comisión Europea, Jean-Claude Juncker, a reconocer, en el debate sobre el estado de la Unión en 2016, que Europa vivía una «crisis existencial».

La respuesta de la Unión ante estas crisis ha sido parcial, puesto que ni se ha completado la unión bancaria ni se ha llegado a un acuerdo definitivo sobre la reubicación de los refugiados, por poner sólo dos ejemplos, y su manera de gestionar situaciones como la de Ucrania o el conflicto en Siria han puesto en entredicho una vez más la credibilidad de la propia Unión como actor internacional. Por otra parte, la premura con que los jefes de Estado y de Gobierno han tenido que afrontar y encontrar una rápida salida a dichas crisis, ha motivado que hayan acudido en varias ocasiones a soluciones que sobrepasaban el marco de los tratados. Así han despertado reacciones adversas de diversa índole en el seno de los Estados miembros. En todo caso, parece difícilmente cuestionable afirmar que las crisis han tenido efectos profundos sobre el equilibrio de la Unión. Destacaremos dos de ellos.

En primer lugar, el equilibrio entre los Estados miembros se ha visto profundamente afectado. Puede decirse incluso que el *brexit* es la primera consecuencia de todas estas crisis, el primer gran impacto o crisis que sufre la Unión derivado de la mala gestión de las crisis anteriores. Sus razones debieran, por tanto, buscarse y analizarse en el marco de dicha «crisis existencial» de la UE y de la pérdida de credibilidad del proyecto europeo para la ciudadanía británica. Esto, unido a las demás circunstancias particulares y a la crisis de liderazgo existente en los grandes partidos políticos británicos, se tradujo en un cóctel explosivo que supieron aprovechar con éxito los líderes del movimiento antieuropeista. En cualquier caso, sea este análisis acertado o no, es difícilmente discutible que esta decisión, que supone la salida del Reino Unido de las instituciones europeas, pero no de Europa, unida a las otras crisis enumeradas anteriormente, han alterado sustancialmente la relación francoalemana y han acelerado la fragmentación entre los Estados miembros, lo que ha hecho surgir nuevas líneas divisorias, o nuevos «ejes» y configuraciones —o equilibrios— de poder.

En segundo lugar, el equilibrio institucional también se ha visto modificado con el auge del Consejo Europeo, que es el principal centro en la toma de decisiones, al extender éste su autoridad a aspectos que van mucho más allá del «impulso estratégico» o la «definición de orientaciones políticas», tal como recoge el Tratado de Lisboa. Un auge que esconde, en definitiva, la nueva fortaleza de la cooperación intergubernamental y de la «informalidad en la toma de decisiones en la Unión». Además, ha hecho que cada vez sea más tenue la división entre la política nacional y la política europea, poniendo de esta forma fin al consenso permisivo y a la despolitización que han caracterizado hasta ahora la construcción europea.

Junto a ello, y en un plano global, Europa está inmersa en una época caracterizada por dos fenómenos aparentemente contradictorios entre sí. Por un lado, Occidente, expresión entendida en sentido amplio, sufre las consecuencias inevitables de una globalización imparable y, por otro, debido a la inestabilidad de muchas zonas geográficas próximas al desarrollo de las comunicaciones y a su débil crecimiento demográfico, Europa es objeto de una fuerte presión migratoria que supone un verdadero reto al conjunto de los valores sobre los que se ha fundado la civilización europea.

Guerras comerciales y retos económicos

El mundo globalizado de hoy vive un período de transición e importantes cambios en diversos ámbitos.

Si el siglo xx finalizó con un escenario mundial en el que el poder económico y militar se concentraba sustancialmente en Estados Unidos, el presente siglo es de China, haciendo así realidad la premonición de Alain Peyrefitte.[76]

En el libro sobre las nuevas rutas de la seda de Peter Frankopan[77] se destacan dos datos muy interesantes. El primero, desde el punto de vista económico: en 2001, el PNB de China era el 39 por ciento del de Estados Unidos; en 2008, el 62 por ciento y en 2016 el 114 por ciento (*Purchaising Parity Power*). El segundo, desde el punto de vista militar: la creciente presión de China sobre el mar de la China Meridional, lo que supone una amenaza directa al poderío naval estadounidense, y a Occidente en general, puesto que por esa zona se traslada el 40 por ciento del comercio total chino, una tercera parte del comercio indio, un 25 por ciento del comercio total de Brasil y alrededor de un 10 por ciento del comercio del Reino Unido, Italia y Alemania.[78]

76. Alain Peyrefitte, *Quand la Chine s'éveillera...*, Fayard, París, 1973. Y también *L'Empire Immobile*, Fayard, París, 1989.

77. Peter Frankopan, *The New Silk Roads. The Present and the Future of the World*, Bloomsbury, 2018. Y también *Informe China Power*, agosto de 2017, p. 110.

78. Sven Biscop, «Two elephants in One Room: Sino-American Competition and the EU at the Shangri-La Dialogue», *Egmon Institute*, 4 junio de 2019. <http://www.egmontinstitute.be/two-elephants-in-one-room-sino-american-competition-and-the-eu-at-the-shangri-la-dialogue/>.

Ante el auge sin precedentes del gigante asiático, Estados Unidos comenzó ya durante la presidencia de Obama, de una manera discreta pero constante, a trasladar su objetivo estratégico hacia el continente asiático. La presidencia de Donald Trump, con sus lemas *Make America Great Again* y *America First* ha explicitado dicho viraje desarrollando una serie de medidas que diversos medios de comunicación han bautizado como «guerras comerciales» o, más recientemente, la «nueva guerra fría» o la «segunda guerra fría».[79]

En Europa, esta política se ha manifestado, por un lado, en una nueva política comercial estadounidense respecto a Europa, especialmente con respecto a Alemania, y, por otro, en exigir un incremento sustancial de la contribución europea al mantenimiento de su propia defensa y al cumplimiento de los compromisos presupuestarios adquiridos en el seno de la Alianza Atlántica. Incumplimiento que ya habían denunciado las administraciones de Bush y de Obama.

Lo anterior ha llevado a que muchos analistas se cuestionen la voluntad de Washington de seguir siendo el garante de la defensa y la seguridad de nuestro continente, haciendo todos ellos hincapié en la especial vulnerabilidad estratégica de Alemania. De esta forma, si esto sucediese, se superaría uno de los dos fundamentos sobre el que descansaba la estabilidad europea desde el final de la segunda guerra mundial. El segundo fue la construcción europea que, dicho sea de paso, aunque se ha presentado como un mito, no perseguía otra cosa que contrarrestar el comunismo y asegurar la integración de la Alemania no ocupada en la Europa libre.[80]

La competencia entre chinos y estadounidenses se produce en una escala global, lo que convierte al continente europeo en un teatro de operaciones más donde ambos países y, ocasionalmente Rusia, desarrollan su particular lucha estratégica.

79. Robert D. Kaplan, «A New Cold War Has Begun», *Foreign Policy*, 7 de enero de 2019. <https://foreignpolicy.com/2019/01/07/a-new-cold-war-has-begun/>.

80. Raymond Aaron, «L'Europe, l'avenir d'un mythe», *Cités*, 4 (2005), pp. 153-168.

Este extremo es evidente con la guerra comercial protagonizada entre chinos y estadounidenses y el bloqueo de las reformas necesarias para adaptar la OMC a las nuevas prácticas comerciales llevadas a cabo por China. Estas tensiones suponen para la Unión Europea, tradicional defensora del multilateralismo, además de una amenaza para su crecimiento, el difícil reto de tratar de integrar a China en ese orden multilateral sin alterar sustancialmente su naturaleza. Por todo ello, el Consejo Europeo de marzo de este año y la Cumbre de Sibiu han discutido en profundidad la política exterior europea y se ha comenzado a pergeñar una primera reflexión ante el reto de saber cómo deberá la Unión Europea competir en los mercados internacionales en un futuro no muy lejano.

El sector tecnológico es quizá la actividad donde la competición entre Estados Unidos y China es más evidente, ya que el desarrollo de nuevas tecnologías está relacionado con la inteligencia artificial y el ámbito militar y espacial. Frankopan destaca el dato que mientras en 2016, el 11,3 por ciento de las inversiones en *startups* sobre inteligencia artificial provenían de China, esta proporción aumentó a casi el 50 por ciento en 2017.[81] El reciente veto, tanto del Gobierno estadounidense como de Google y otras empresas tecnológicas estadounidenses, a Huawei[82] está siendo quizá el episodio más representativo hasta la fecha de la denominada «nueva guerra fría», como lo es también la lucha sin cuartel por el control y el dominio estratégico de las infraestructuras de la tecnología 5G entre dicha compañía y las grandes operadoras estadounidenses.[83] Episodio que, por su dimensión, y unido a la reciente y recíproca batalla arancelaria hacia productos de uno y otro lado, apuntan a un mantenimiento de las tensiones en el medio e incluso largo plazo.

En cualquier caso, parece inevitable que el aumento de la pujanza china ha supuesto un traslado del centro del poder polí-

81. Peter Frankopan, *op. cit.*, p. 236.

82. <https://www.ft.com/content/d8b3d6e6-7aaa-11e9-81d2-f785092ab560>.

83. <http://time.com/5595161/the-quick-read-about-the-5g-war-is-upon-us/>.

tico y económico hacia el continente asiático y una disminución de la capacidad de influencia europea. Las tendencias aislacionistas estadounidenses y la debilidad y división europea contrastan con la creciente coordinación de los países de las nuevas rutas de la seda —siguiendo la denominación de Frankopan—, donde Rusia, China e Irán desempeñan un papel relativamente importante.

Sin embargo, juzgamos que el relativo declive europeo no sólo se produce por la pujanza de los nuevos actores asiáticos y la lucha entre superpotencias, sino que tiene también causas puramente europeas. Junto a la división y la falta de reacción firme y coordinada ante los retos internos y externos, hay que recordar que la Unión está formada, en su mayoría, por una serie de medianos o pequeños Estados que no alcanzan por sí solos a hacer frente a la globalización o a los nuevos retos geoestratégicos, comerciales y tecnológicos. Un dato avala esta afirmación: no existe ninguna compañía europea entre las quince primeras corporaciones tecnológicas.[84]

En términos poblacionales, la Unión Europea está sufriendo dos graves fenómenos de especial transcendencia. Desde el inicio de la crisis económica, un éxodo interno que, a diferencia del producido en Europa a principios del siglo XX, afecta sobre todo a los jóvenes universitarios de los países de la periferia europea, que se trasladan a Alemania o al Reino Unido. Por ejemplo, se calcula que desde 2008, más de dos millones de jóvenes italianos han abandonado su país, mientras que en Portugal se llegaron a contabilizar hasta 10.000 traslados por mes en el 2012. En los últimos decenios, hasta un 5 por ciento de la población portuguesa ha abandonado su país, lo que no deja de ser una «transferencia invisible», de graves repercusiones, desde los países menos desarrollados hacia el centro. Al mismo tiempo, unido a este éxodo interno, Europa sufre también una fuerte baja demográfica, con

84. «Europe in May 2019. Preparing for a more United, Stronger and more Democratic Union in an Increasingly Uncertain World», The European Commission's contribution to the Informal EU27 leaders' meeting in Sibiu (Rumanía), mayo de 2019, p. 22.

el consiguiente envejecimiento de la población, que crea múltiples tensiones en cuanto a la sostenibilidad del modelo social europeo. Un dato: la Comisión europea prevé que Europa será el primer continente cuya población alcanzará una media de cuarenta y cinco años en 2030. Si las tasas de nacimientos en Europa siguen como ahora, la población europea pasará de ser el 6,7 por ciento de la población mundial al 5,4 por ciento en 2050.[85]

En definitiva, se prevé que la adaptación europea a este nuevo escenario internacional sea de tal calibre que sólo haya tres grandes economías europeas a nivel mundial en 2030, y que en 2050 sólo Alemania podrá ser calificada como potencia económica.

Por último, tampoco podemos olvidar que la Unión Europea, dentro de este complicado escenario global, deberá hacer frente a una serie de retos que afectan a toda la humanidad, como el del cambio climático. La Unión Europea deberá tratar de salvaguardar el medio ambiente manteniendo sus niveles de competitividad ante unos socios y competidores globales no tan sensibilizados en esta materia. Para conseguir alcanzar las metas del Acuerdo de París, se necesita acelerar el paso a nuevas fuentes de energía más saludables, lo que puede acarrear unas mayores necesidades de inversiones. En este sector, Europa goza, por ahora, de una situación comparativa relativamente estable, pero es una situación que puede cambiar si tenemos en cuenta factores como la gran dependencia energética de algunos países europeos (entre los que se encuentra Alemania) de Rusia o de los países árabes.

Como dice Frankopan, el mundo actual se debate entre la dicotomía entre Estados Unidos, que busca redefinir el mundo según sus intereses usando el palo antes que la zanahoria, y China, cuyo incipiente imperio provoca ciertas reticencias. Esta dicotomía es, según Henry Kissinger, particularmente delicada para Europa, que corre el riesgo de convertirse en un apéndice chino.[86]

85. Ibídem, p. 23.

86. Citado también por Frankopan, *op. cit.*, p. 243: Henry Kissinger, «We Are in a very, very Grave Period», *Financial Times*, 20 de julio de 2018.

La presión migratoria

La globalización y las crisis han provocado, además de la pérdida de la centralidad europea, una mayor fragmentación en el seno de la Unión, tal como se desprende de los resultados de las elecciones europeas. Esta fragmentación ha sido objeto de la atención de Krastev, quien describe la crisis migratoria en su libro *After Europe.*[87]

Ivan Krastev señala que Fukuyama sostuvo, tras el fin del comunismo, el auge de internet y el desarrollo de los medios de transporte, que la historia alcanzaba su fin aspirando así a la realización del ideal kantiano universalista y liberal. El modelo por excelencia del «fin de la historia» era la construcción europea, que crea un marco en el que los Estados cooperan entre ellos superando la amenaza de los nacionalismos y de las ideologías. El éxito europeo descansaba sobre su despolitización y el desarrollo de las tecnologías de la comunicación (internet) y de los medios de transporte.

Estos dos últimos fenómenos han convertido el mundo presente en una aldea global donde todo es fácilmente comparable tras varias conexiones a internet desde cualquier parte del mundo. También es muy fácil trasladarse, lo que ha provocado un movimiento migratorio hacia Europa de grandes dimensiones. Paradójicamente, Krastev señala que, en un mundo desideologizado y tecnificado, la mayor revolución que los habitantes de los países subdesarrollados pueden realizar es trasladarse a la Unión Europea.

La presión migratoria supone probablemente el mayor reto para Europa. La capacidad de la Unión Europea y los Estados miembros para integrar la inmigración en los valores occidentales y en la cultura democrática y de respeto por los derechos humanos y las libertades fundamentales en la que se asientan las democracias liberales será determinante para asegurar la permanencia del sistema político, ético y moral en el que se cimenta la Unión Europea. En algunos casos, los valores culturales y

87. Ivan Krastev, *After Europe*, University of Pennsylvania, Filadelfia, 2017.

creencias de determinados colectivos dificultan enormemente su integración en las sociedades democráticas occidentales, integración que, además, es más ardua por el constante debilitamiento de los referentes que hasta ahora conforman la identidad europea. Por ejemplo, hemos visto recientemente en los medios de comunicación cómo en Francia existen zonas donde es difícil asegurar la aplicación de las leyes de la República, y se han dado casos en los que se ha constituido de facto «un estado dentro del Estado», lo cual ha provocado graves repercusiones sobre el orden público y problemas en la convivencia.

Por otra parte, la sensación de desarraigo, la pérdida o falta de identidad, y la marginalización, unidos a una creciente desconexión o desconfianza de la población hacia las clases políticas dirigentes, constituyen problemas sociales que hoy no han sido resueltos en distintos lugares de Europa, y que están erosionando la confianza ciudadana en las instituciones. Movimientos como el de los *chalecos amarillos* constituyen un reflejo de este problema que, de no ser abordado adecuadamente, podría tener consecuencias impredecibles.

Al mismo tiempo, el crecimiento de movimientos populistas a izquierda y derecha en conflicto con la democracia liberal, traducido en un incremento de su representación parlamentaria en distintos países y en las recientes elecciones europeas, debieran hacer saltar las alarmas y quizá hacer reflexionar a la clase política y a los partidos políticos tradicionales sobre el hecho de que tal vez algunas cosas no se están haciendo del todo bien.

El efecto divisorio de la presión migratoria también se produce en el conjunto de la Unión. Así, en función de la situación geográfica que ocupan, los Estados miembros se dividen entre los Estados destino de la inmigración y los Estados con frontera exterior de la Unión que, de acuerdo con la legislación vigente, son los que más cargas sufren a la hora de recibir a los inmigrantes y refugiados y han sido también los más perjudicados por la crisis del euro.

Asimismo, la crisis migratoria ha hecho evidente nuevas fracturas en la Unión, como la división entre los Estados miembros occidentales y los del antiguo bloque comunista. Para Krastev, la reacción de buena parte de los antiguos países del centro y del este de Europa en la crisis migratoria reside en su falta de tradición colonial. Tampoco hay que olvidar que las sociedades de estos países se nutrieron de su historia y de sus tradiciones para resistir el universalismo del ideario comunista, lo que provocó que a partir de los años setenta del siglo pasado se diera una divergencia en la trayectoria de las sociedades europeas. Mientras que en la parte central y oriental del continente se producían revueltas para defender la soberanía nacional ante la doctrina Breznev, en la Europa occidental, a partir de 1968, se desarrolló la «soberanía del individuo rebelde».

Una estrategia europea para abordar los retos inmediatos

Tras analizar los retos que afronta Europa en la actualidad, pasamos ahora a exponer algunos aspectos de una posible estrategia europea.

- Un primer elemento supone dotar la política exterior europea de un mínimo componente de realismo. Según el historiador Luuk van Middelaar, hasta ahora Europa exportaba sus valores por medio de unas políticas despolitizadas situadas al margen del tiempo y del espacio (frontera). La reciente importancia de las fronteras exteriores europeas nos está forzando a considerar a la Unión como un sujeto político anclado en un espacio y en un tiempo determinados.

  Es necesario, pues, adaptar la política exterior europea para hacerla más eficaz en su defensa de los intereses europeos, principio que parece haber sido ya admitido por la estrategia global de la Unión Europea de 2016, que consagra como sus ejes principales la resiliencia o la capacidad de reformarse ante las crisis internas y externas, conservando un nivel máximo de democracia, el pragmatismo y la autonomía estratégica.

Sin embargo, la dificultad reside en aplicar dicha estrategia de forma coherente y omnicomprensiva, tal como destaca de nuevo Kissinger: «Una política exterior seria requiere de un concepto central exhaustivo/comprensivo; sin él, los pronunciamientos son meros ejercicios de retórica, y las acciones son dirigidas por una corta coherencia táctica o sentido de la dirección».[88]

- Un segundo elemento será la agenda estratégica aprobada por el Consejo Europeo en junio de 2019. La agenda estratégica será preparada por Tusk y se nutrirá de las aportaciones de los Estados miembros, de los debates previos, como el desarrollado en Sibiu, y de la aportación de la Comisión Europea de mayo de 2019 titulada «Europa en mayo de 2019».[89] Por lo que se sabe, el contenido de la agenda estratégica de la Unión Europea 2019-2024 partirá de la agenda estratégica aprobada por el Consejo Europeo para el período 2014-2019 e intentará integrar nuevas ideas resultantes de los fenómenos y acontecimientos que se han producido durante este último lustro.

  Este ejercicio permitirá evaluar la capacidad del liderazgo europeo y de sus dirigentes, tema sobre el que también se pronunció Kissinger en su entrevista concedida al *Financial Times* en agosto de 2018: «En los años cuarenta los líderes europeos tenían un claro sentido de la dirección... Ahora mismo quieren sobre todo evitar los problemas».
- Un tercer aspecto de la estrategia será el conjunto de personas que serán elegidas como los responsables de las instituciones de la Unión Europea durante el período entre 2019 y 2024.
- Un cuarto elemento será la decisión que el Consejo Europeo deberá tomar a finales de 2019, concerniente al próximo marco financiero plurianual. Este aspecto es especial-

88. Henry Kissinger, recogido en Steven F. Hayward, *The Age of Reagan: The Conservative Counterrevolution: 1980-1989*, Crown Forum, Nueva York, 2010, cap VI, traducción de los autores.

89. *Op. cit.*

mente relevante, puesto que no sólo habrá que identificar qué prioridades políticas son las que reciben más recursos, sino también si existe una coherencia entre el marco financiero plurianual y la agenda estratégica. De lo contrario, el documento estratégico aprobado por los jefes de Estado y de Gobierno será papel mojado. El éxito de la estrategia digital, migratoria, de transportes o de seguridad y defensa dependerá de la capacidad de liderazgo para identificar las prioridades, fijar el mapa de ruta y ejecutar con fondos, recursos y voluntad política su implementación.

- Y, por último, y tal vez lo más interesante, habrá que reflexionar si la Unión deberá seguir aplicando lo que Van Middelaar llama «la política de la regla» o si la Unión debería seguir una estrategia más realista. En definitiva, los europeos deberán progresivamente optar entre la defensa de sus valores o la de sus intereses.

La forma en que se resuelva esta disyuntiva marcará el futuro de la existencia de nuestra civilización en un mundo radicalmente diferente al que hemos vivido hasta ahora. Un reto que no es nuevo para nosotros si recordamos a Chateaubriand:

«Por lo que respecta a la vieja Europa, no volverá a la vida jamás. ¿Ofrece la joven Europa más oportunidades? El mundo actual, el mundo sin autoridad consagrada, parece situado entre dos imposibilidades: la imposibilidad del pasado y la imposibilidad del futuro».[90]

90. François-René de Chateaubriand, *Mémoires d'outre-tombe*, Traducción de los autores.

16

La crisis europea

Javier Zarzalejos
Director de FAES

En apenas una década se ha producido un cambio radical en la percepción y en el papel de la Unión Europea en la política y en el debate público.

La Unión Europea representaba la máxima transversalidad, el consenso más firme fuera de las lealtades nacionales y, por eso mismo, constituía el factor de despolitización más poderoso cuando una y otra vez los acuerdos en Bruselas aplanaban las diferencias ideológicas y nivelaban la diversidad de posiciones en áreas cada vez más sensibles de la acción estatal.

A pesar de la complejidad de sus procedimientos, de la tendencia de diplomáticos, políticos y funcionarios comunitarios a constituirse en titulares de un saber sólo al alcance de iniciados, a pesar del recurrente reproche del «déficit democrático» de sus instituciones, lo cierto es que la relación de los ciudadanos con la UE respondía a ese «consenso permisivo» de que ha hablado Peter Mair para referirse a la aceptación tácita de la acción de la Unión en tanto ésta respondía a las expectativas de alimentar la prosperidad y sostener las rentas de sus beneficiarios. La convivencia entre socialistas y un centro-derecha amplio de componente liberal, conservador y democristiano podía dar de vez en cuando algún sobresalto, pero resultaba suficientemente armónica como para asegurar la gobernabilidad a escala continental. La «Europa fortaleza» o la «Europa balneario» fueron expresiones acuñadas para definir este estado de satisfacción.

La situación hoy es muy distinta. La Unión Europea, lejos de ser un factor de despolitización, se ha convertido en uno de los grandes temas que han «repolitizado» el debate público. Queda poco de aquel «consenso permisivo» a cuyo calor los dirigentes europeos tejían sus acuerdos. La Unión está en el centro de los debates más acerbos que se dan en Europa. No sólo se pone en cuestión su funcionamiento, sino su adecuación para plasmar los valores europeos, sus raíces identitarias y su trayectoria histórica. El retrato político de la Unión se ha transformado con la reaparición de las fuerzas nacionalistas y populistas, que cabalgan sobre discursos que vuelcan en aquélla la responsabilidad por las supuestas carencias que denuncian, ya sean los flujos de inmigrantes y refugiados o las exigencias de disciplina fiscal. El «déficit democrático» —tan real como relativizado en la práctica— ocupa ahora, bajo diversas formulaciones, un papel central tanto en los discursos abiertamente euroescépticos como en los que buscan superar esta crisis de desafección tratando de identificar sus causas y de encontrar remedios eficaces.

El proyecto de integración ha venido ofreciendo, hasta ahora, una respuesta tranquilizadora a los problemas centrales de los europeos en las últimas siete décadas. La Unión sentaba las bases de nuestra prosperidad en un espacio económico y comercial privilegiado por su estabilidad y su progresión en términos de integración. Ha sido, además, una poderosa palanca de cohesión social y territorial tanto por los importantes flujos de fondos asociados a la solidaridad entre países y regiones con diferente nivel de desarrollo como por las diversas políticas orientadas a la salvaguardia de las rentas en diferentes sectores, singularmente el agrícola. La Unión nacida en el Tratado de Roma ha prolongado su sentido fundacional contribuyendo de manera decisiva a la estabilidad política y al buen fin de las diferentes oleadas democratizadoras en el continente, primero con las transiciones en países del sur —Portugal, Grecia, España— y más recientemente con la ampliación a los Estados renacidos del colapso del bloque soviético. Finalmente, la Unión, a pesar de sus evidentes limitaciones en este capítulo, ha ido creando un acomodo para que Europa como tal tuviera una posición internacional cada vez más reconocible, en la que el vínculo atlántico representaba el gran anclaje de su seguridad.

Éstos son los elementos que han compuesto la buena narrativa de la integración europea de la que sin embargo muchos europeos hoy se sienten generacionalmente alejados. En amplios sectores de opinión, se pone en duda que la Unión pueda seguir como esa fuente de bienestar y progreso económico en medio de una revolución digital que produce temor y desaliento sobre las capacidades europeas para seguir el paso de estas transformaciones. De la misma manera, las políticas de cohesión se resienten en tiempos de crisis con el «nosotros primero». La «Europa fortaleza» es vista por muchos como una seguridad del pasado que poco tiene que ver con lo que consideran que es una Unión en riesgo existencial por las presiones migratorias que la UE es incapaz de controlar y la extensión divisiva del paradigma multicultural en el interior de las sociedades europeas.

Si todavía no se podía hablar de un *demos* europeo, ese ideal de comunidad política supranacional parece alejarse aún más, empujado por la fragmentación de los espacios políticos, la confrontación identitaria generalizada, el apetito proteccionista que se ha desatado y el repliegue nacionalista. El giro de Estados Unidos hacia el Pacífico como prioridad comercial y estratégica, con China como antagonista global, deja el vínculo atlántico en una posición subsidiaria y a Europa inmersa en un debate sobre su responsabilidad a la hora de garantizar su propia seguridad, un debate para el que no está todavía preparada, entre otras razones porque carece de arraigo en sociedades devotas del *soft power* y que han desarrollado una profunda aversión al conflicto.

El *brexit*, todavía sujeto al tortuoso calendario acordado para su materialización, es el destilado más elocuente de estos (malos) humores europeos. Empieza por ser el resultado de trastocar el sistema institucional británico al introducir el recurso al referéndum de respuesta binaria, sí o no, en un sistema político basado en el principio de soberanía parlamentaria. Como tantos otros errores de cálculo que han venido jalonando la crisis europea, el referéndum ofreció al nacionalismo populista —esencialmente inglés, más que británico— la plataforma con mayor resonancia para sus argumentos. La agresiva retórica de los euroescépticos unió a la audiencia de los tabloides de patrioterismo más enardecido con los lectores de los grandes periódicos conservadores y volvió a reunir, también, a votantes conservadores y laboristas que desde diferentes lados comparten una larga tradición de euroescepticismo. El discurso era bastante simple —casi siempre lo es en estos casos—, basado en la conjugación del verbo «recuperar». Como sólo se recupera lo que previamente se ha perdido, recuperar el control de las fronteras, de la economía, de la seguridad, del dinero, etc., remitía a un país perdido y a la victoria del «sí» al *brexit* como el «día de la independencia». La publicidad en vallas y autobuses prometía que se quedarían en el Reino Unido, para mejorar el sistema sanitario, los supuestos centenares de millones de libras que se envían todas las semanas a Bruselas. La inmigración, y con ella la seguridad, se controlarían eficazmente y el Reino Unido recuperaría su estatuto de potencia comercial mediante la negociación de una red de tratados de libre comercio que abrirían el mercado británico a todos los productos que fueran legales en sus países de origen, sin otras restricciones.

La realidad, sin embargo, está demostrando ser más compleja. Los cientos de millones semanales que emigran a Bruselas no aparecen por ninguna parte y el argumento de la necesidad crucial de control fronterizo no casa bien con las décadas de terrorismo norirlandés que el Reino Unido ha sufrido mientras mantenía el pleno control de sus fronteras. En cuanto a las promesas de libre comercio, lo cierto es que los británicos se han encontrado con que resultan menos atractivos si no sirven de entrada al mercado europeo y, por otra parte, países como India desconfían de tanta apertura para productos, pero tan poca para personas. Si a todo lo anterior se añaden las complejidades de la desconexión británica, la conclusión pone de manifiesto la superficialidad e improvisación del *brexit*.

No menos importantes son las implicaciones de la salida británica para el futuro de la cohesión del Reino Unido. Por un lado, el nacionalismo escocés ve reforzada su narrativa independentista vinculada al deseo de seguir perteneciendo a la Unión Europea y que encuentra en el *brexit* un argumento particularmente útil. Por otro, existe la posibilidad de una falta de acuerdo sobre los términos de la retirada británica y el estatus final de las relaciones entre ambas partes. Eso podría llevar al restablecimiento de una «frontera dura» entre la República de Irlanda e Irlanda del Norte, lo que sacude peligrosamente uno de los fundamentos de los Acuerdos del Viernes Santo, que en 1998 pusieron fin al conflicto civil en la provincia británica. Otros efectos como la deslocalización de la banca y de los servicios financieros con sede en la City tendrán que ser objeto de una evaluación final cuando el *brexit* se termine de materializar, pero ya apuntan claramente en una muy mala dirección hacia un serio debilitamiento de Londres como gran centro financiero global.

Sin embargo, el *brexit*, bajo las estridencias del nacionalismo caótico, contiene un debate sobre cuestiones de base que cabe plantearse en torno a la Unión Europea: no *a pesar de*, sino precisamente *porque* la Unión es una alianza de Estados democráticos y una comunidad de derecho. Cuestiones que afectan a la identidad que singulariza el proyecto europeo, a su legitimidad democrática, a los efectos disruptivos de la incidencia de sus normas y de las sentencias de su tribunal en el orden interno, o a la vigencia real del principio de subsidiariedad para articular la actuación de los diferentes niveles de actuación de los poderes estatales y comunitarios.

De ahí que el *brexit* no debería ser visto con el alivio de quien se despide del vecino incómodo que se va de nuestro edificio. Es una pérdida para la Unión, un golpe a su prestigio y a su mejor narrativa. Es verdad que si alguien no puede quejarse de falta de respeto a su singularidad dentro de la Unión ése es precisamente el Reino Unido, que ha gozado de una situación, en buena medida, «a la carta». Y si bien podemos pensar que un proceso tan truculento como éste no animará a otros países a seguir el ejemplo británico, el *brexit* es también un desafío a la capacidad de los europeos —ciudadanos, instituciones, sociedad civil— para entrar en una conversación que, como propone entre nosotros Víctor Pérez Díaz, asuma la complejidad de Europa, una complejidad que se vuelve más acusada en estos tiempos.

En el Reino Unido, un clima de opinión «eurófoba» que el propio Partido Conservador había mantenido bajo control, primero con Margaret Thatcher y después con John Major y sus sucesores, encontró en la decisión del primer ministro David Cameron de convocar el referéndum el detonante para capitalizar las sombras que la crisis del euro extendía sobre la propia viabilidad de la Unión, las tensiones migratorias y la amenaza del terrorismo yihadista. Así logró movilizar el apoyo a la salida de la UE, de modo que esta opción, contra todo pronóstico, terminó siendo mayoritaria en las urnas.

Como observa Luuk van Middelaar: «Está claro para todo el mundo que, en un contexto democrático, muchas cosas no van según el plan previsto; muchas más de lo que podríamos temer o esperar. Europa, en tanto que club de democracias volátiles, funciona del mismo modo. Los impulsos surgen a partir de una serie impredecible de decisiones, tomadas a menudo por dirigentes nacionales en su forcejeo con los acontecimientos tanto de su país como del extranjero que, además, se ven obligados a gestionar conjuntamente con reticencias manifiestas». Esa volatilidad de las democracias remite a una cuestión a menudo dejada de lado en el análisis de la crisis europea. Se trata de la cuestión del liderazgo, de su solidez y de su visión estratégica, y de cómo la capacidad de dirigir y proponer a una sociedad para su adaptación al cambio constituye una de las variables que han evolucionado más negativamente en la Europa de estos años.

El liderazgo puede acentuar la volatilidad o reducirla, puede hacer imposible una conversación a escala europea o puede impulsarla. También puede rescatar a los ciudadanos de sufrir el cálculo del día a día de sus instituciones en favor de un horizonte amplio. Y aunque David Cameron suela ser objeto de los más duros reproches por la convocatoria del referéndum del *brexit* (habría que añadir en su cuenta el de la independencia de Escocia), fenómenos como el de los flujos masivos de inmigrantes y refugiados procedentes de conflictos bélicos, la relación atlántica o el fortalecimiento de la gobernanza del euro son ejemplos en los que el liderazgo no ha brillado a gran altura. Naturalmente que si se habla de liderazgo, no se trata de reducirlo a una carencia de los dirigentes políticos. Las élites académicas, empresariales y profesionales, los prescriptores culturales, los medios de comunicación dominantes no pueden ofrecer un rendimiento mucho mejor. Estas carencias son relevantes porque tienen mucho que ver con eso que Pérez-Díaz define en el caso de Europa como «un problema de *disrupción* profunda de su percepción y su experiencia del orden y el desorden: tanto del desorden del mundo en el que está, como de su propio desorden interno».

Esta percepción del desorden es particularmente lesiva porque choca radicalmente con la visión funcionalista que ha prevalecido en la Unión, también entre sus ciudadanos. Una organización poderosa, bien financiada, servida por una burocracia tal vez demasiado intrusiva, pero altamente cualificada, y capaz de manejar los instrumentos de diseño y creación jurídica y elaboración de políticas con eficacia para obtener un rendimiento satisfactorio. Siguiendo la clásica diferenciación, se podía cuestionar su legitimidad «de origen», pero lo cierto es que ese rendimiento ha proporcionado a la Unión una considerable legitimidad «de ejercicio». Es precisamente esa legitimidad «de ejercicio» la que ha sufrido el impacto de la crisis.

La eficacia del mecanismo europeo se ha encontrado históricamente asentada sobre bases políticas y estratégicas muy firmes. Desde el llamado «consenso socialdemócrata», pasando por el eje germano-francés, hasta la relación atlántica como legado duradero del desafío compartido frente al nazismo primero y al comunismo después. En ese sentido, puede afirmarse que la propia Unión —en sus diferentes denominaciones desde su fundación en 1957— forma parte —y parte relevante— del orden liberal de la posguerra. Por tanto, no cabe esperar que el declive de éste no le afecte.

En una clave histórico-cultural, Robert Kagan ha retratado este declive. «En los últimos años —explica Kagan— el orden liberal se ha empezado a romper y a fracturarse en su mismo núcleo. Como resultado de una diversidad de factores relacionados entre sí —difíciles condiciones económicas, el recrudecimiento del nacionalismo y el tribalismo, un liderazgo político débil e incierto junto a partidos políticos tradicionales sin respuesta ante la crisis, una nueva era en las comunicaciones que parece fortalecer más que debilitar el tribalismo— ha surgido una crisis de confianza en lo que podemos denominar el proyecto ilustrado liberal. Ese proyecto aspiraba a situar los principios universales de derechos individuales y de dignidad humana sobre las diferencias étnicas, raciales, religiosas, nacionales o tribales. Apuntaba a una creciente interdependencia para crear intereses comunes por encima de las fronteras y al establecimiento de instituciones internacionales para suavizar las diferencias y facilitar la cooperación entre las naciones. En su lugar, la década pasada ha contemplado el ascenso del tribalismo y el nacionalismo; una atención creciente a lo "diferente" en nuestras sociedades; y una pérdida de confianza en el Estado, en el sistema capitalista y en la democracia [...]. Eso incluye, en muchos casos, la eterna búsqueda del líder fuerte que guíe con firmeza en un tiempo que se percibe de quiebra y confusión.»

Europa no es ajena a este retrato. Tampoco en las consecuencias que para la Unión tiene la emergencia de los llamados «poderes revisionistas» que quieren restablecer —o establecer— zonas propias de influencia o ejercer influencia global al margen de las reglas e instituciones que han venido definiendo el orden internacional desde la segunda posguerra. «La debilidad del núcleo liberal y la abdicación por parte de Estados Unidos de sus responsabilidades globales estimularán un revisionismo más agresivo por parte de potencias insatisfechas que, a su vez, puede agravar la sensación de debilidad e impotencia y la pérdida de confianza del mundo liberal, lo que, a su vez, aumentará en las grandes potencias autocráticas la sensación de que ésta es su oportunidad para reordenar el mundo de acuerdo con sus intereses.» Ésta es, en última instancia, la base sobre la que deberían construirse la reflexión, los compromisos que la Unión Europea debe realizar sobre su seguridad y sobre los términos de la relación con Estados Unidos, afectada por un preocupante desencuentro.

Si bien podemos formular un diagnóstico verosímil de la crisis europea, una parte significativa del desconcierto que produce tiene que ver con la dificultad de proponer soluciones. La idea misma de «solución» puede ser engañosa, si se contempla esta crisis desde la historicidad y la incertidumbre inherente a procesos culturales y sociales complejos y de intensa aceleración de las transformaciones tecnológicas. Por eso habría que ser más humilde en esas pretensiones y hablar no tanto de soluciones, sino de vías de avance, de caminos por los que podamos transitar hacia la mejora de las cosas.

Joseph Weiler decía en una reciente entrevista que «millones de europeos ni son fascistas ni idiotas» y añadía que hay un «hambre» que la democracia tradicional institucional no ha sabido cómo satisfacer, y esto «lo han aprovechado versiones indignas del patriotismo para sacar tajada». Frente a una crisis, que caracteriza como cultural mucho más que económica, Weiler propone una tríada de valores: patriotismo, identidad y responsabilidad. Pero cuando habla del primero, se refiere a un patriotismo liberal y cívico frente al nacionalismo, y cuando habla de identidad, lo refiere a la dimensión comunitaria de una democracia republicana. De la misma manera, quiere entroncar su apelación a la responsabilidad en el mismo sentido de compromiso cívico con la sociedad de la que formamos parte, de la que no sólo podemos extraer el reconocimiento de derechos.

Pérez Díaz, en un trabajo muy reciente dentro de la larga reflexión sobre Europa que encontramos en su obra, también expresa su confianza en los europeos. Del análisis de diversos indicadores sociológicos, concluye que «cabría desdramatizar un tanto la situación actual, puesto que las tomas de posición de segmentos amplios de la ciudadanía sugieren que, en el fondo, hay una base de acuerdo, o aquiescencia entre la ciudadanía y la clase política, a pesar de las posibles confusiones ideológicas y semánticas de ambos, en torno a un pragmático "ir tirando" con el *statu quo,* oscilando entre un "algo más" de socialdemocracia y un "algo más" de liberalismo conservador, lo que proporciona un marco común de referencia para los debates». Y concluye: «La voz de esa ciudadanía europea, en las presentes circunstancias, parece moderadamente congruente con tal objetivo [una estrategia indirecta centrada en los ciudadanos], en la medida en que envía el mensaje de una relativa confluencia de identidades y políticas que contradice la tendencia a la polarización y la subsiguiente ruptura de la comunidad política, así como el mensaje de un posible aprendizaje mutuo de disposiciones cívicas y, quién sabe, quizá también de comprensiones recíprocas».

Hay, pues, una coincidencia ilustrativa en la necesidad de que la sociedad civil tenga un nuevo papel, y un papel central, y en que el camino por el que deberían discurrir nuestros esfuerzos tiene mucho que ver con una nueva consideración de valores. Valores constructivos e integradores que sitúen la recuperación del proyecto europeo en el compromiso cívico y en una intensa conversación entre europeos a partir de identidades no excluyentes, legados culturales diversos y virtudes públicas.

17

¿Una Europa posteuropea?

Óscar Elía
Universidad Francisco de Vitoria

De la esperanza a la incertidumbre

The world has waited long enough. The time is right. Let Europe be whole and free. Tres décadas separan estas famosas palabras de George H. W. Bush pronunciadas en 1989 en Mainz de los agrios reproches entre Trump y los países miembros de la Unión Europea en su visita de 2019, reproches que traslucen una desconfianza amplia en lo económico, lo diplomático y lo militar. Más allá de la peculiar personalidad del presidente estadounidense, ¿hay causas más profundas que expliquen este paso de la esperanza común al poco disimulado enfrentamiento?

La Historia está formada de historias. Y la historia europea de estos últimos treinta años es en sí misma una pequeña historia, en la que las etapas, cada una con su propia lógica, se suceden casi de década en década: en un primer momento, tras la caída del Muro y de la Rusia soviética, los felices años noventa fueron *optimistas y esperanzadores*, la unidad europea se preveía cada vez más extensa, en países, y cada vez más profunda, en cooperación. Durante la posguerra fría, conceptos como Europa, Unión Europea, prosperidad económica y democracia parecían sinónimos: la UE era no sólo el gran logro europeo, sino el espejo en el que otras regiones parecían mirarse. El Tratado de Maastricht (1992) muestra bien este optimismo extremo.

A la primera etapa, durante la última década de siglo, le sigue la primera década del presente. Viene marcada por la sacudida

—también sufrida por Europa— de los atentados yihadistas (Madrid, Londres), por la división ante las cuestiones internacionales y por la crisis del euro de 2008 y la desconfianza creada entre los países del norte y del sur, los más ricos y los más pobres. Éstos son *los años del estancamiento* y la pérdida de confianza europea: problemas antes impensables comienzan a hacerse presentes, lo mismo en los bancos que en las calles europeas.

Por fin, a esta década de las dudas le sigue la *década de los resentimientos*, la incertidumbre y la falta de confianza de los europeos en sí mismos. Esta desconfianza afecta en primer lugar al instrumento en el que los europeos habían puesto sus esperanzas, la Unión Europea. Dos acontecimientos plasman bien esta desconfianza europea. Por un lado, la relación británica con la Europa continental. Ciertamente, interpretada a la luz de siglos de historia europea,[91] el *brexit*, la tormentosa salida del Reino Unido de la Unión, no tiene nada de particular; pero es un acontecimiento traumático dentro del proyecto comunitario, que es progresista en sus dos acepciones, liberal y socialdemócrata. Más allá de las cuestiones institucionales y políticas, la salida de Londres tiene importancia psicológica y aun moral. ¿Qué futuro, qué valor, qué necesidad e importancia tiene la UE cuando una de las tres grandes potencias europeas decide darle la espalda?

El *brexit* puede ser el desafío concreto más importante: no es el único. Vayamos al segundo. Al mismo tiempo, la UE aparece fraccionada en dos grandes bloques de países, cada vez menos disimuladamente enfrentados, que todavía dentro del mismo proyecto institucional muestran sus diferencias: en materia moral, económica, institucional, se abre un abismo entre Berlín y París, por un lado, y, por otro, Praga, Budapest o Varsovia. Ambos bloques llevan la iniciativa y obligan a otros países a optar por un bando u otro. Bandos con ideas distintas sobre la UE,[92]

91. Véase, por ejemplo, Jeremy Black, *Britain and Europe: A Short History*, Hurst, Londres, 2019.

92. Véase el volumen colectivo de Christian Schweiger y Anna Visvizi, *Central and Eastern Europe in the EU: Challenges and Perspectives Under Crisis Conditions*, Routledge, Londres, 2018.

sobre Europa, sobre la misma idea de sociedad. En relación con la cultura, el cristianismo o la inmigración, los modelos, igualmente europeos, aparecen contradictorios y fragmentan la UE porque fragmentan Europa.

La salida del Reino Unido rompe la idea de una Unión Europea siempre en progreso; las desavenencias profundas entre países socios rompen con la idea de una unidad cada vez más extensa y profunda.

No es, con todo, la crisis de la Unión Europea lo más significativo. La UE no es más que la expresión institucional del actual orden político europeo. Ni es la única, ni es la primera, ni será la última forma en la que las naciones europeas organicen su convivencia: constituye un único capítulo en el devenir histórico de los europeos. En cierto modo, un capítulo derivado de su debilidad: la necesidad de reunir esfuerzos en un único proyecto político para hacer frente a los desafíos globales de las últimas décadas.

Lo que significa que, a otro nivel, hay una crisis europea en sentido estricto. Afecta, de distinta manera y en distinto grado, a todas las naciones del Viejo Continente, y afecta al mismo hecho de *ser europeo*, al carácter y personalidad de las naciones europeas. Por debajo de la crisis comunitaria, se delinean cuatro crisis distintas, que son las que en el fondo dan sentido a los movimientos que en las instituciones comunitarias se observan con facilidad. La crisis de la UE es el síntoma, la expresión de problemas más profundos, genuinamente europeos, aunque también occidentales. Son, a mi entender, las siguientes: un problema económico, un problema militar, un problema institucional y, por debajo de todos ellos, explicándolos, un problema de crisis espiritual.

La incertidumbre económica

Durante siglos, Europa ha sido la vanguardia económica de la humanidad: alta productividad, desarrollo tecnológico, comercio expansivo han sido durante siglos patrimonio casi exclusivo de los europeos. Aun dividida y enfrentada, Europa ha sido hasta 1989 ejemplo de bienestar económico para el mundo. Por si fuese poco, la constitución de un sistema monetario único entre las grandes potencias, que durante siglos habían rivalizado entre sí, es probablemente el logro más importante del eurocomunitarismo, algo impensable hace unas pocas décadas. A la creación de una moneda única, no obstante, siguió en menos de una década una crisis interna que pareció poner en peligro incluso la existencia de la *eurozona*. Solventada su supervivencia, las dudas a largo plazo sobre su viabilidad perviven entre los economistas.

¿Qué subyace bajo la imprevisibilidad del euro? Los expertos advierten de los graves problemas de productividad y competitividad de las economías europeas, lastradas cada vez más por regulaciones que frenan el crecimiento, y por costosos programas sociales y asistenciales. Por su parte, el descenso demográfico, la baja natalidad y el envejecimiento acentúan el gasto: cada vez encuentran más problemas de financiación y ponen a los Estados en situación de dependencia a través de la deuda pública en manos de terceros.[93]

A su vez, Europa ha perdido ya la ventaja competitiva que, durante siglos, le proporcionaba el desarrollo tecnológico: vía globalización, la transferencia de conocimiento ha permitido a cualquier país del mundo acceder a la misma tecnología; los principales laboratorios, centros de investigación y desarrollo no están sólo en Europa, ni siquiera en Estados Unidos. Tel Aviv, Tokio o Singapur adelantan a Berlín, Londres o Ámsterdam, y las colonias adelantan a las antiguas metrópolis en patentes y descubrimientos. China, en el extremo opuesto en cultura, sociedad o política, muestra bien que el monopolio de la alta tecnología, industrial o militar, ya no pertenece a los europeos.

Por fin, unido a ambas cosas, el comercio global implica actores, públicos o privados, situados en los cuatro continentes. Compiten en igualdad de condiciones, incluso con ventajas sobre los países europeos, que presentan problemas de productivi-

93. Indemit Gill, Michael Raiser y Naotaka Sugawara, «Europe's Growth Model in Crisis», en BBVA, *The Search for Europe: Contrasting Approaches*, La Fábrica, Madrid, 2018.

dad. La pérdida de cuotas de mercado internacional, incluso la penetración de otros países en el mercado europeo, constituye una de las cuestiones que generan incertidumbre en el futuro económico europeo. El libre comercio, una de las cuestiones que los europeos consideran más relevantes, no parece jugar siempre a favor del consumidor o de los productores europeos.

La Europa inerme

La crisis económica se relaciona, a su vez, con una crisis militar. La reunificación de Europa, consecuencia de la desaparición de la amenaza soviética, traería consigo la recuperación de la independencia militar europea, y con ella la emancipación del tutelaje estadounidense. Todo parecía fácil cuando se presentó la PESC en 1991: una política exterior, diplomática y militar, común.

Sin embargo, tres décadas después, los europeos permanecen divididos: los diversos intentos, fragmentarios y dispersos, por unificar estrategias, adquisiciones y operaciones han ido fracasando, unas veces por el choque de visiones nacionales, otras por la imprevisibilidad de acontecimientos. Cuatro episodios definen bien los problemas estratégicos de los europeos en la primera década del siglo XXI. En primer lugar, la guerra de Irak en 2003 partió en dos a los países europeos, en tres niveles: comunitario, internacional e incluso nacional. En segundo lugar, en 2011 la guerra de Libia mostró, a partes iguales, la división de los países europeos y su impotencia sobre el terreno. En una tercera ocasión, la guerra de Siria ha tenido dos frentes: uno en Oriente Medio y otro en las calles europeas, donde el ISIS ha golpeado duramente. Tampoco ahí han sido los europeos, juntos o por separado, capaces de garantizar una respuesta adecuada. Y finalmente, la retirada progresiva de los europeos de Afganistán a partir de 2014 implicaba, para ellos y para el resto de aliados de la OTAN, la derrota más o menos disimulada en la primera gran guerra en la que combatían bajo la bandera atlántica.

En 2019, ni en conjunto ni por separado están los europeos en condiciones de asegurar la capacidad militar efectiva con la que fantaseaban en 1989. Los gobernantes lo saben, las sociedades también... y las potencias no europeas, también. Las debilidades también son únicas en relación con otras regiones: la incapacidad de lograr una inversión militar suficiente (ejemplificado en las dificultades para llegar a un 2 por ciento del PIB en gasto militar), la pérdida de la ventaja relativa en términos tecnológico-militares con otras potencias no europeas y la dificultad para involucrar a sus sociedades en la defensa nacional.

Los más conscientes lamentan que Estados Unidos no esté ya dispuesto a sostener la defensa europea; otros incluso se vuelven hacia Moscú, con horror o fascinación ante el rearme militar e ideológico ruso. Mientras, ¿qué consecuencias sacar de que los ejércitos que hace un siglo marchaban orgullosos por los cuatro continentes patrullen hoy las calles de Alemania, el Reino Unido o Francia?

Malestar e incertidumbre institucional

La crisis económica nos lleva a la crisis institucional: la insatisfacción de gran parte de la sociedad europea hacia la democracia constitucional-pluralista. Esta crisis tiene su expresión en el auge del populismo, a izquierda y a derecha. Pero por llamativo que sea éste, el problema de la legitimidad se plasma más en el alejamiento y desafección general de la sociedad respecto a los temas políticos. Y, como contraparte, en el aislamiento de las élites políticas, económicas y mediáticas de los pueblos. La vieja cuestión democrática, la de la legitimidad y la relación entre gobernantes y gobernados, vuelve a abrirse otra vez en los países europeos.

Los regímenes europeos de las últimas décadas se han basado en dos fundamentos, político uno y económico otro. Respecto al primero, existe una dialéctica democrática propia: la democracia promete más libertad, más igualdad, más universalidad. Pero como todo ideal, los de libertad e igualdad son absolutos; los regímenes políticos, en cambio, relativos y limitados. Jamás los segundos podrán satisfacer a los primeros, a esos valores que les dan sentido pero que al mismo tiempo son severo juez: los valores del régimen democrático conspiran contra el régimen democrático. La consecuencia, la desilusión ante el progreso político está ante nuestros ojos.[94]

Desde el punto de vista económico, el Estado del Bienestar, concebido como el elemento clave que proporcionaría estabilidad al régimen democrático, muestra también la distancia que media entre las aspiraciones ideales y las posibilidades reales de las economías europeas y occidentales. Nunca ha existido, en toda la tierra, bienestar económico mayor que el de la Europa contemporánea. Ahora bien, el malestar de las poblaciones con él es indudable. Simplemente, el Estado del Bienestar no puede proporcionar el bienestar amplio que él mismo tiene como meta proporcionar.

No todas las causas de la erosión de la legitimidad democrática son nacionales: el gran crecimiento de las distintas organizaciones internacionales, desde la Unión Europea hasta Naciones Unidas, hurta los grandes debates a la sociedad, el burocratismo y el globalismo vacían de contenido la política o la disfrazan bajo consideraciones ecológicas, jurídicas, científicas o económicas. Esta universalización de la persona rompe con su carácter particular y comunitario.[95]

Crisis espiritual y decadencia

Las dificultades económicas, la debilidad militar y la inestabilidad política apuntan todas en una única dirección: cierta crisis espiritual o moral de los regímenes y las sociedades europeas. Al igual que en las personas, las crisis espirituales de las sociedades se caracterizan por rasgos bien definidos: la incapacidad de encontrar un sentido a la propia existencia, más allá del día; la di-

94. Véase el libro ya clásico de Raymond Aron, *Les désillusions du progrès. Essai sur la dialectique de la modernité*, Calmann-Lévy, París, 1994.

95. Esta reacción ha sido ardientemente defendida por Yoran Hazoni en su libro *The Virtue of Nationalism*, Basic Books, Nueva York, 2018.

ficultad para llevar a cabo las tareas normales del día y afrontar las anormales; las reacciones exageradas y emotivas ante los retos y acontecimientos.

Falta de sentido cultural, dificultad para entender los grandes retos globales, crisis de la razón teórica y, sobre todo, práctica. No es que los europeos no sean racionales: lo son, y mucho. Pero siguiendo a Husserl, «la crisis europea radica en una aberración del racionalismo». La crisis de la razón europea no está en su desaparición, sino más bien en su corrupción: el subjetivismo moral e intelectual, el positivismo científico extendido a todos los ámbitos de la vida, la pérdida de sentido religioso, el historicismo moral, social o político son todos ellos producto de la evolución propia de la modernidad. La razón europea, cerrada a la trascendencia, acaba por encerrarse en sí misma.[96]

La crisis de la razón arrastra, a su vez, a una crisis del pensamiento y la cultura. Y esto afecta, por un lado, a los sistemas políticos europeos y a su legitimidad, por otro, al desarrollo económico del continente, y, finalmente, a la política exterior y militar de las naciones.

Crisis, en fin, espiritual: Europa no se reconoce a sí misma, y cuando lo hace, lo es para el rechazo. Los europeos valoran sus regímenes políticos menos que sus enemigos y rivales valoran los suyos; abominan de su religión y parecen respetar más cualquier creencia exótica o extraña; miran su pasado con desconfianza y hostilidad. Y todo ello con un futuro, en lo económico, militar o político, en el que no parecen tener grandes esperanzas.

¿Es, por fin, la decadencia? La cuestión de la decadencia es típicamente europea y contiene toda una filosofía de la historia: una idea de evolución y una idea moral. Respecto a lo primero, ¿en qué etapa de su recorrido vital está Europa, si es que existe tal recorrido? Generalmente, sólo las civilizaciones en problemas se preocupan por la decadencia. Hace justo un siglo, Spencer publicaba *La decadencia de Occidente*. Desde entonces, afir-

96. Las palabras de Benedicto XVI en 2005: la racionalidad, puramente funcional, ha implicado un desorden de la conciencia moral y una «prueba de tensión en la cultura europea», Subiaco, Italia, abril de 2005.

man los más pesimistas, Europa decae. Pero la constatación no es tan sencilla. En 1918, las naciones europeas se habían destrozado mutuamente, pero seguían siendo el centro del mundo; unos años después aún fueron capaces de extender, vía ambición y tecnología, una guerra a todo el globo; divididos y ocupados en 1945, perdidos los imperios coloniales, aún parecieron brillar levemente a partir de 1989. Hoy parecen languidecer de nuevo, pero ¿a qué profundidad? La Europa de 2050 puede no ser la de 1990, pero ¿se parecerá a la de 1945, a la del siglo XIII, a la del siglo III?[97]

¿Podemos hacer una consideración moral sobre la posible decadencia europea? Generalmente, la civilización en crisis ha abandonado ante la idea de ser moralmente valiosa. Europa lo es. No es una civilización: es *La Civilización.* Los europeos, los occidentales, son los únicos que, desde la antigua Grecia, se han preguntado por su propia civilización, por su alcance y por la verdad de sus creencias. La búsqueda de sí misma le ha llevado a preguntar y preguntarse por los demás. Esta dialéctica entre el aquí y el allí, entre el yo y los demás, entre lo particular y lo universal es lo que caracteriza a una alta civilización: es lo que ha caracterizado a Europa.

97. Mary Gluck, «Decadence as historical myth and cultural theory», *European Review of History,* 21, 3, 2014, pp. 349-361.

Conclusiones[98]

José María Marco
Jorge Martín Frías

España tiene, por lo sustancial, dos problemas políticos de fondo. El primero es el nacionalismo. Desde el final de la segunda guerra mundial, el nacionalismo estuvo vedado en los países europeos... salvo en España, donde los nacionalismos volvieron con aire triunfal justo con la Transición, cuando por fin emprendíamos la senda de nuestra definitiva *europeización*. Fue una de las señas de identidad de la democracia española: pensar el nacionalismo como una fuerza progresista y hacer depender el Gobierno —tal vez todo el sistema político— de los nacionalistas (ver el ensayo de Martín Frías). Se suele decir que fue la herencia del nacionalismo español de la dictadura. También es el legado de la crisis de la nación que dio pie al regeneracionismo y el noventayochismo —otras dos fórmulas del nacionalismo español—, cuando se negó la existencia de la nación española. En ello seguimos, ahora en modo deconstructivista y posmarxista. (Se recordará que el nacionalismo, que es la ideología que justifica la creación de una nueva nación, tiene por condición primera la demolición de la nación constitucional y del orden liberal.) Conocemos el resultado de esta tolerancia proactiva —se podría decir— al nacionalismo: décadas de terrorismo nacionalista, hegemonía del nacionalismo en algunos territorios y, en Cataluña,

98. Estas conclusiones intentan una síntesis de las aportaciones del volumen, aunque no todas las afirmaciones son compartidas por los autores que han colaborado en él.

un golpe de Estado, un ensayo de independencia y la violenta división de la sociedad.

El segundo gran problema político de nuestro país es un socialismo que no ha querido superar el antiliberalismo y el utilitarismo constitucional de sus orígenes (Bustelo). A lo largo de la historia, el socialismo español ha tenido excelentes oportunidades para cambiar de naturaleza, ya fuera en tiempos de Alfonso XIII, en la Segunda República o en la Transición. Las ha desperdiciado una tras otra. Así que, lejos de responder al patrón socialdemócrata vigente durante décadas en los demás países europeos, el socialismo de nuestro país se ha complacido en un radicalismo ideológico que negaba, y sigue negando, cualquier legitimidad democrática a su adversario. De ahí la dificultad para pensar la nación y alcanzar pactos de Estado con sus adversarios nacionales, a los que considera más peligrosos que los propios nacionalistas. De ahí también políticas como la de la «Memoria histórica», que animan a la ruptura con el legado pactista y dialogante de la Transición. Y de ahí una política económica de observancia sindicalista, que ha contribuido a apuntalar la dualidad propia de la economía española de la que se derivan su dramática vulnerabilidad a las crisis, la alta tasa de paro, la baja productividad, la tendencia al incremento de la desigualdad y la incapacidad de cubrir el diferencial con los países más desarrollados de la Unión Europea.

Acompañando a estos dos problemas centrales está la incapacidad del centro-derecha para imaginar, articular y poner en práctica un proyecto nacional propio, tanto político, como cultural y educativo, capaz de establecer a largo plazo actitudes distintas en una opinión pública que nunca ha dejado de inclinarse a la izquierda, como es lógico por el predominio aplastante de este sesgo. Los esfuerzos sedantes y moderadores del centro-derecha nunca han calmado el activismo y la intransigencia del otro lado, al revés. La ideología en España sigue siendo un eje divisorio insoslayable, que determina muchas más cuestiones que en cualquier otro país avanzado. Y en muchas de estas cuestiones, el centro-derecha ha aceptado gustoso su papel subordinado.

Una nueva era

Aun siendo específicamente españoles, estos problemas se pueden entender también desde una perspectiva distinta. Y es que son la forma en la que se manifiestan otros problemas globales que compartimos, muy en particular, con los ciudadanos europeos, o cabría decir mejor, con nuestros conciudadanos europeos. Salvo en los años del experimento excepcional del nacionalcatolicismo, España nunca ha vivido al margen de una Europa de la que forma parte, además de otras consideraciones históricas y geográficas, por decisión propia, como subrayó Julián Marías. Incluso Hispanoamérica forma parte de esta dimensión europea, o bien occidental, de nuestro país. La Constitución de 1812, la revolución liberal, la contrarrevolución, la consolidación liberal conservadora, la búsqueda de un centro «doctrinario», los intentos revolucionarios, la instauración de un régimen plenamente constitucional, la crisis de éste y el problema de la democratización del liberalismo en la llamada «crisis del 98», la derrota de la idea liberal y el vendaval antidemocrático y antiliberal de los años treinta, que sigue fascinando a nuestra izquierda... Es la historia de cualquier país europeo. Incluso la visión de una España diferente, por romántica o por portadora de una esencia espiritual destruida por la modernidad, uno de los elementos centrales de la ideología de la dictadura, tiene orígenes europeos. (No hablemos ya del nacionalismo, que es una ideología importada, y cabría decir traducida de los textos nacionalistas franceses. *Carlos Maurras* sigue teniendo una calle en Madrid, en uno de sus barrios más característicamente modernos.)

En las primeras décadas del siglo XXI, los españoles volvemos a estar a la hora de Europa, y a la del resto del mundo. Pasó, ya en los años setenta, el consenso social-cristiano-demócrata que aquí conocimos con retraso. La crisis económica agotó el consenso democrático, liberal y conservador, que llegó después del colapso del comunismo. Y estamos ahora mismo en el umbral de una nueva era en la que la crisis de la representación y la revolución tecnológica han abierto paso a la fragmentación política y a formas —todavía por definir— de participación y a, por el momento, un horizonte de ingobernabilidad (Barrancos). Estamos, en cualquier caso, muy lejos de alcanzar ninguna clase de consenso.

Entre los principales factores del nuevo escenario está la globalización. Atañe, como ya es evidente, a la facilidad de comunicaciones, a la revolución tecnológica, a la emergencia de nuevas potencias económicas y una nueva clase media en países hasta ahora atrasados. También se puede definir como una nueva autonomía de los seres humanos que alcanzan una capacidad de decisión sobre su destino y su propio ser —su identidad—, como nunca se había dado en la historia. Además de la invención de un nuevo mundo, a cuyo lado se diría que cualquier etapa previa carecía de libertad, el resultado es también el de una profunda inseguridad. Se diría que esa misma autonomía de la que ahora gozamos, y que nos caracteriza radicalmente, nos hubiera despojado también del control sobre nuestra realidad, nuestros actos y nuestra voluntad. Como si estuviéramos desbordados por la rapidez en la evolución de los acontecimientos y en la de la definición de nuestra propia humanidad.

Una de las consecuencias de esta nueva realidad es la importancia que ha cobrado la cuestión de la identidad: las nuevas identidades relacionadas con el «género», pero también las identidades «culturales» —que, como siempre, suelen disimular supuestas identidades étnicas— y, claro está, las identidades nacionales o, mejor dicho, pseudonacionales (Graíño, Marco y Quintana Paz). En este punto, y como ha ocurrido en otras ocasiones, nuestro país no sólo no ha sido ajeno al «espíritu de los tiempos», sino que se le ha adelantado. Lo que parecía la supervivencia de un arcaísmo, como eran los nacionalismos españoles, ha resultado ser la punta de lanza de un nuevo movimiento identitario que recupera el nacionalismo —la más siniestra de las ideologías— y lo engarza con el multiculturalismo y la exigencia de dignidad y de respeto... Hasta llegar a esa «demagogia de la diversidad» que oscurece, sin sustituirla, la idea de un bien común que durante mucho tiempo formó la base misma, la esencia de la ciudadanía. Así es como el pluralismo, la base misma de nuestras sociedades y de la forma política de la democracia liberal, aparece amenazado, si no en claro retroceso. La *concordia discors*, la discordia que se transforma en concordia en palabras clásicas de Sartori, es arrinconada por actitudes y movimientos uniformadores, fomentados además por un socialismo que, como el español, ha encontrado aquí una nueva forma de ejercer su —al parecer— esencial intransigencia. La tolerancia, tan en boca de todos como desgastada por un uso partidista, está cada vez más ausente de la vida pública. Y lo que se denomina «corrección política» viene a invalidar los mismos principios fundantes constitucionales de la libertad (Jiménez Lozano). Pluralismo no es postular que los demás piensen como pienso yo. Pluralismo es la convivencia en libertad de actitudes, opiniones y estilos de vida distintos, y contradictorios, en lo intelectual, lo ideológico e incluso lo emocional. Ésa, y no la homogeneización, es la clave del pluralismo, que es lo que permiten los regímenes constitucionales, y una realidad en la que los españoles tienen, en cuanto a cultura, lenguas y formas de vida, una larga tradición de respeto.

La presencia masiva de inmigrantes, así como el desprecio y la declarada hostilidad de las élites y la cultura oficial hacia la identidad propia, contribuyen a la percepción de que aquello mismo que constituía hasta ahora la naturaleza de cada país está en peligro. Dicho de forma ingenua, ¿es imprescindible aceptar que lo propio está condenado a desaparecer? ¿Acaso no tiene el Estado una responsabilidad primera en el mantenimiento de lo que constituye la realidad nacional —y europea, se podría añadir—, aquella que conocemos y que se nos ha transmitido? ¿O la *tolerancia* y la *diversidad* sólo valen por la mirada crítica, destructiva en última instancia, de aquello que ha sido la base de esa misma actitud crítica? (Elía). Hasta dónde va a llegar el proceso de demolición en que se han embarcado las opulentas y muy subvencionadas élites occidentales...

En términos españoles, el fracaso del golpe de Estado nacionalista en Cataluña y la reacción de la Corona, las instituciones y una parte de la opinión pública (mucho menos de las élites políticas) no quiere decir que el nacionalismo haya sido derrotado. Al contrario, es probable que la idea misma de España y de nación —nación no nacionalista— haya caído otra vez del lado de lo mayoritario, de aquello que supuestamente se opone al florecimiento de las minorías, su libertad y su capacidad de autodeterminación. Nada está jugado en este aspecto, a pesar de que la idea de nación ha sido el sustrato cultural y social, también político, del liberalismo y de la democracia liberal, y que todavía no ha surgido ninguna otra fórmula capaz de sustituirla.

La inseguridad que es fruto de la globalización atañe también, en los países desarrollados, y en particular desde la crisis económica, a las estructuras sociales. Buena parte de lo que quedaba de industrialización en los países desarrollados está puesta en cuestión por la competencia de países antes emergentes, que no practican las mismas reglas de juego o las practican de otro modo. Así se produce la precarización de lo que se llamaba la clase trabajadora (ahora que ya no vota lo que tiene que votar recibe nombres más despectivos, como el de los «deplorables» o, en general, el de «clases poco educadas») y la de la clase media, que ve sus expectativas vitales y económicas puestas en peligro, cuando no frustradas.

Liberales y conservadores

La ansiedad ha llevado al cuestionamiento de las políticas económicas liberales que triunfaron en los años ochenta, tras la crisis de la socialdemocracia, y en los noventa, después de la caída del Muro de Berlín. Las tentaciones proteccionistas, nunca ausentes del todo aunque en parte sofocadas, han vuelto con fuerza frente a unas doctrinas que son percibidas como una amenaza por parte de una población desprotegida. También se ha abierto paso una nueva voluntad intervencionista, que acompaña al hecho de que desde los años setenta, el Estado haya ido asumiendo una función nueva, como es la garante de todos los derechos, y en la cultura, se imponga una desaparición de los límites entre lo personal y lo político, y entre lo privado y lo púbico, lo que hace de estos años un *revival* institucional de lo que en los setenta, hace cincuenta años, era contracultural y ahora es la esencia misma de la cultura oficial. Las ideas liberales, en el sentido clásico y humanista del término, corren el riesgo de quedar arrumbadas, aunque —a pesar de la renovada popularidad del «socialismo»— son muy pocos los que se atreven a proponer un nuevo modelo económico. De ahí la reivindicación del liberalismo económico clásico realizado en este libro, así como del sustrato moral que lo fundamenta (Fernández Luiña, Moro y Rotellar). No hay que olvidar que los dos grandes períodos de crecimiento económico, de aumento del empleo y, por tanto, de reducción de la desigualdad que ha conocido nuestro país en democracia han venido de la mano de las reformas puestas en marcha por otros dos Gobiernos de centro-derecha, entre 1996 y 2000 y entre 2012 y 2015.

Nada de esto quiere decir que la política deba encastillarse en la pura igualdad ante la ley. Ocurre al contrario: cualquier posible cohesión social requiere un crecimiento económico que sólo unas políticas liberales de contención del gasto, seguridad jurídica y transparencia y lealtad institucional están en condiciones de asegurar. Y una política liberal conservadora no puede dejar de tener en cuenta —seguramente hoy más que nunca— la esencial dignidad del ser humano, que requiere una sociedad digna. Tampoco la necesaria participación puede dejar de lado la atención a los más débiles, ni la justicia como eje básico de cualquier propuesta colectiva. Es desde aquí, desde el otro lado de las políticas de identidad y de búsqueda de la fragmentación y enfrentamiento, como se volverá a dar sentido a un bien común que ha variado sustancialmente, en cuanto a su naturaleza y a lo que abarca, en los últimos años. También es desde aquí desde donde se podrá recuperar el valor de dignificación de la vida humana que tiene el trabajo, más allá de su sentido utilitario.

Es cierto que la crisis y la salida de la crisis han traído nuevos significados a términos políticos clásicos. *Liberal*, que hasta hace poco tiempo remitía a la tradición clásica de distinción entre lo privado y lo público, la libertad negativa de Constant y las restricciones a la esfera pública, se dice hoy de una actitud más propiamente progresista, que no distingue bien, si es que lo hace, lo privado de lo político y aspira a una mayor intervención del Estado en la economía y en la defensa de los derechos. El adjetivo *conservador*, por su parte, empieza a recobrar un atractivo del que careció en tiempos previos a la crisis: ya sea como una forma de crítica al «falso amanecer» —recuérdese a John Gray— de la era postsocialista o como voluntad de respeto hacia el legado recibido y capacidad de adaptación y reforma, tal y como preconizan Michael Oakeshott y, en nuestro país, Gregorio Luri.

Como era lógico en un mundo en el que la responsabilidad de la situación del planeta recae por primera vez sobre el propio ser humano —consecuencia y metáfora a la vez, particularmente sobrecogedora, de nuestra nueva autonomía—, la preservación del medio ambiente y las políticas para paliar el cambio climático pasan a ser prioritarias en cualquier reflexión que se esfuerce por aunar los términos *liberal* y *conservador* (Sánchez Segura).

En una formulación general: optimismo —moderado— en cuanto al progreso y la racionalidad del ser humano, prudencia ante la experimentación y —también— gusto y aprecio de aquello en que consiste nuestra realidad, con algo más que desconfianza hacia las abstracciones políticas e ideológicas. Una actitud que se parece bastante a aquellos términos con los que el profesor Josep Maria Castellà define una posible política constitucional: respeto al texto (en nuestro caso, la formulación de la realidad), gradualismo, actitud reformista, respeto a los derechos humanos y deseo de transmitir los valores y los principios propios. Kelsen hablaría de compromiso, respeto a la ley y garantía de los derechos de las minorías: una definición de un régimen que parece en trance de convertirse en la de un programa político.

En la Francia de los años ochenta y noventa, el hundimiento del prestigio del comunismo trajo aparejada la vuelta de tendencias populistas —entonces liberales en lo económico— como las del Front National. La tendencia se consolidó con la crisis económica, que ha hecho realidad global, en particular en Asia y América Latina, lo que entonces despuntó en Europa. El hundimiento de los partidos comunistas y luego la del resto de las organizaciones tradicionales de la izquierda, incluidos los sindicatos, ha llevado a la pérdida de importancia de las antiguas organizaciones socialdemócratas, hoy irrelevantes o cada vez más izquierdistas (a veces es lo mismo). Más tarde, ha venido la crisis de los partidos de derechas en sus formas tradicionales, ya sean los socialcristianos y los republicanos europeos, o los liberal conservadores como los *tories* ingleses, o bien el Partido Popular en España y el Partido Republicano en Estados Unidos. La crisis de representación lleva a una fragmentación en la que los mecanismos de formación de mayorías de gobierno no parecen resultar útiles y, cuando lo son, disimulan vacíos a veces gigantescos.

Lo que apunta aquí es una sustitución de la tradicional oposición izquierda-derecha por otra que, sin superarla del todo —en particular en España, donde la vigencia del eje tradicional sigue vivo—, se ha superpuesto a ella. Es la que enfrenta a los de abajo con los de arriba, el pueblo con las élites y, sobre eso, aquellos que se identifican con el concepto nacional y tienden a una defensa de la nación y de la soberanía, frente a quienes optan por el cosmopolitismo —en el sentido estricto: ciudadanos del mundo— y la posnacionalidad.

Respuestas

El término *nacional populismo*, teorizado por Pierre-André Taguieff, resume —quizá demasiado bien—, una realidad compleja en la que se expresan al mismo tiempo ansiedad, hartazgo y desconfianza, cuando no hostilidad, ante lo que Christopher Lasch llamó la «rebelión de las élites», empeñadas en imponer una actitud única y una nueva dogmática basada en lo minoritario. Estaríamos así ante una nueva «rebelión de las masas», reformulación del concepto orteguiano al que Lasch se refirió al principio de su estudio sobre *La rebelión de las élites* (1994). La defensa de lo propio, también del sentido común, y la aversión a los excesos ideológicos del multiculturalismo, *devenido* casi religión política, constituyen el fondo de esta sublevación contra la máquina de deconstrucción y demolición en que se ha convertido el discurso oficial.

Entre las novedades de este nuevo populismo del siglo XXI está la asimilación, en bastantes casos —no en todos—, de una posición liberal en lo económico, conjugada con una posición conservadora en lo moral y en lo social. Así como no hay nacionalismo bueno, ni moderado, es posible que tampoco haya un buen populismo (Milián; Fernández Luiña; González Portero, Martín Merchán y Taboada). Ahora bien, los temores y las demandas, así como los rechazos, que el populismo traduce no podrán ser bloqueados ni expulsados de la escena política. En Francia, este designio de marginación ha acabado dando lugar al hundimiento general del sistema de partidos y al bloqueo de cualquier reforma.

De ahí la importancia del debate sobre la Unión Europea y el papel de los Estados-nación en este extraordinario experimento. En sus sesenta y dos años de existencia, desde la firma del Tratado de Roma en 1957, la Unión ha conseguido abarcar buena parte de Europa, desde el Mediterráneo hasta el Báltico y desde el Atlántico y el mar del Norte hasta las fronteras con Rusia. Eso quiere decir que en todos los países incluidos en este territorio, más de 500 millones de personas viven en democracias liberales que respetan los derechos humanos, la división de poderes y la separación entre lo privado y lo público. También quiere decir que esos 500 millones de personas tienen libertad para desplazarse e instalarse en el país que deseen, sin restricciones, y que forman una de las sociedades más ricas y prósperas, de las que más oportunidades ofrece a todos, de todo el mundo: gracias a la seguridad jurídica, a la economía libre —a escala continental— y a los más de setenta años de paz garantizados por la UE. Las elecciones de mayo de 2019, tal vez como respuesta al *brexit*, han sido las primeras celebradas, y vividas, en términos propiamente europeos, con un debate de fondo acerca del modelo al que aspiramos los ciudadanos de la Unión y, también, del modelo de ciudadanía.

La necesaria, y bienvenida, politización de la UE no llega sola. Viene acompañada de la aparición de una tentación de repliegue, de tonos a veces nacionalistas, a la que se enfrenta una exaltación cosmopolita empeñada en superar la idea de nación y en celebrar el advenimiento de la era posnacional. No parece que fuera ése el proyecto de los padres fundadores (González Campañá) y ha habido historiadores, como Alan Milward, que sostuvo lo contrario en su *The European Rescue of the Nation*

State. Menos exaltante, porque es menos épica, es la visión de algunos grandes europeístas. Entre ellos está Ortega, que en su *Meditación de Europa* (1949) llegó a proponer unos Estados Unidos europeos —con lo que declaraba obsoleta la idea de nación—, aunque afirmara al mismo tiempo que las naciones eran la gran creación política de una Europa cuya existencia es anterior a esas mismas naciones. O Joseph Weiler, que con su concepto de «tolerancia constitucional» propuso evitar cualquier situación en la que hubiera que decidir entre la autoridad europea y la nacional, lo que lleva a un equilibrio complejo de pluralismo de lealtades: *unir preservando*, ya que no la totalidad o el ejercicio de la soberanía, sí el hecho (habrá quien prefiera hablar de identidad) nacional (Capilla).

La paradoja a la que asistimos en estos últimos años, probablemente desde el fracaso de la Constitución Europea en 2005, es que la percepción de la pérdida de vigencia de la idea nacional va acompañada también de la pérdida de sentido de la propia Unión o, si se prefiere, de la idea misma de Europa. Y eso a pesar de los indiscutibles éxitos de la Unión y de la nueva disposición europeísta —en un sentido general— revelada en las últimas elecciones. Al tiempo que se intensifica la sensación de que la Unión ha roto el equilibrio y aspira ya a sustituir a las naciones, también se difunde la convicción de que la Unión —y con ella Europa— va adquiriendo menos relevancia (Elía, Zarzalejos). Ya no representa ese modelo que los europeos pensaban que todo el resto del mundo aspiraba a imitar, con lo que se pone en cuestión su vocación universalista, tan profundamente kantiana. Y también pierde pie, enfrentada a nuevos problemas, en un mundo multipolar, en el que se desvanecen las reglas del orden liberal de posguerra y en el que los nuevos actores, como China o Rusia, se han convertido en potencias globales y están dispuestos a mantener su estatus.

Ante esa doble percepción —de pérdida de vigencia de la nación y de pérdida de relevancia de Europa, esta última probablemente exasperada por la crisis y el empeño autocrítico—, una posible respuesta viene con la profundización de la ciudadanía europea, pero una ciudadanía enraizada, y no ajena, a la diversidad de los hechos nacionales, que constituyen a su vez marcos de convivencia tan plurales y tolerantes como el de la Unión, aunque en una dimensión distinta. No basta, por tanto, con una conciencia puramente política, o constitucional, de la propia ciudadanía. Ni para las naciones ni para la Unión Europea. También es posible que hayamos llegado al punto —y eso vendría a explicar más que cualquier otra cosa la pérdida de atractivo del modelo europeo— en que la crítica se ha convertido en un dogma, no admite la menor discrepancia en su empresa y, habiendo dejado de pensarse a sí misma en forma crítica, se ha embarcado en una nueva travesía nihilista.

La respuesta, por parte de un centro-derecha abocado a renovarse a fondo, no puede volver a consistir en pensarse a sí mismo en los términos en los que le marca la izquierda. Hay que pensar de nuevo, como indica Ana Palacio en sus palabras preliminares: aprender a pensar de nuevo un mundo en el que van a regir modelos que no conocemos y que se están poniendo en marcha en este mismo momento. Una buena base para tomar impulso es la lealtad y, en el fondo, el amor. Lealtad y afecto hacia las instituciones, depositarias del consenso y fundamento de nuestra prosperidad y nuestra libertad, así como del pluralismo en el que queremos seguir viviendo. Y amor y lealtad, también, a Europa y a nuestro país: el país en su realidad viva y reformable, tan lejos del abstencionismo tecnocrático como de los adanismos fundamentalistas obsesionados con volver a empezar, una y otra vez, desde cero.

Bibliografía

Capítulo 2

Dahrendorf, Ralf, *La libertad a prueba. Los intelectuales frente a la tentación totalitaria*, Trotta, Madrid, 2009.

Fukuyama, Francis, *Identidad. La demanda de dignidad y las políticas de resentimiento*, Deusto, Barcelona, 2019.

Lanier, Jaron, *Diez razones para borrar tus redes sociales de inmediato*, Debate, Barcelona, 2018.

Leith, Sam, *¿Me hablas a mí? La retórica de Aristóteles a Obama*, Taurus, Barcelona, 2017.

Lilla, Mark, *El regreso liberal. Más allá de la política de la identidad*, Debate, Barcelona, 2018.

Milián Querol, Juan, *El acuerdo del seny. Superar el nacionalismo desde la libertad*, Unión Editorial, Madrid, 2014.

Mounk, Yascha, *El pueblo contra la democracia*, Paidós, Barcelona, 2018.

Noelle-Neumann, Elisabeth, *La espiral del silencio. Opinión pública: nuestra piel social*, Paidós, Barcelona, 2003.

Puig, Valentí, *Moderantismo. Una reflexión para España*, Península, Barcelona, 2008.

Thompson, Mark, *Sin palabras. ¿Qué ha pasado con el lenguaje de la política?*, Debate, Barcelona, 2017.

Capítulo 3

Aron, Raymond, *La révolution introuvable*, Fayard, París, 1968.

Aronson, Ronald, «Marcuse Today», *Boston Review*, 17 noviembre 2014, <http://bostonreview.net/books-ideas/ronald-aronson-herbert-marcuse-one-dimensional-man-today>.

Azurmendi, Mikel, *Todos somos nosotros. Etnicidad y multiculturalismo*, Madrid, Taurus, 2003.

Bernabé, Daniel, *La trampa de la diversidad: cómo el neoliberalismo fragmentó la identidad de la clase trabajadora*, Akal, Madrid, 2018.

Bloom, Allan, *The Closing of the American Mind*, Simon & Schuster, Nueva York, 1987.

Bueno, Gustavo, *El mito de la izquierda*, Ediciones B, Barcelona, 2003.

Caplan, Bryan, *El mito del votante racional. Por qué las democracias eligen malas políticas*, Innisfree, Londres, 2018.

Contreras, Francisco J., y Diego Poole, *Nueva izquierda y cristianismo*, Encuentro, Madrid, 2011.

Deleuze, Gilles, y Félix Guattari, *Rhizome*, Minuit, París, 1976.

Eco, Umberto, *Apocalípticos e integrados*, Tusquets, Barcelona, 1995.

Ferrater Mora, José, *Diccionario de filosofía* (edición revisada de Josep-Maria Terricabras), Ariel, Barcelona, 1994.

Ferry, Luc, y Alain Renaut, *La pensée 68*, Gallimard-Folio, París, 1988.

Finkielkraut, Alain, *L'identité malheureuse*, Gallimard-Folio, París, 2013.

Fukuyama, Francis, *Identidad. La demanda de dignidad y las políticas del resentimiento*, Deusto, Barcelona, 2019.

Gauchet, Marcel, *La religion dans la démocratie*, Gallimard, París, 1998.

— *El desencantamiento del mundo. Una historia política de la religión*, Trotta, Madrid, 2005.

Hobsbawm, Eric, «La izquierda y la política de la identidad», *New Left Review*, 0 (2000, ejemplar dedicado a: Pensamiento crítico contra la dominación), pp. 114-125.

Huntington, Samuel P., *¿Quiénes somos? Los desafíos a la identidad nacional estadounidense*, Paidós, Barcelona, 2004.
Kymlicka, Will, *Multicultural Citizenship: A Liberal Theory of Minority Rights*, Oxford University Press, Oxford, 1996.
Lasch, Christopher, *La rebelión de las élites y la traición a la democracia*, Paidós, Barcelona, 1996.
Lilla, Mark, *El regreso liberal. Más allá de la política de la identidad*, Debate, Barcelona, 2018.
Lyotard, Jean-François, *La condición posmoderna. Informe sobre el saber*, Cátedra, Madrid, 1987.
MacIntyre, Alasdair, *After Virtue: A Study in Moral Theory*, University of Notre Dame Press, Notre Dame, 1981.
Marcuse, Herbert, *El hombre unidimensional. Ensayo sobre la ideología de la sociedad industrial avanzada*, Seix Barral, Barcelona, 1965.
Ovejero, Félix, *La deriva reaccionaria de la izquierda*, Página Indómita, Barcelona, 2018.
Patterson, Orlando, «Implications of Ethnic Identification», en Fried, C. *et al.* (eds.), *Minorities: Community and Identity*, Springer Verlag, Berlín, 1983.
Rorty, Richard M., *Contingencia, ironía y solidaridad*, Paidós, Barcelona, 1996.
Taylor, Charles, *Sources of the Self: The Making of Modern Identity*, Harvard University Press, Cambridge, 1989.
— *et al.*, *El multiculturalismo y «la política del reconocimiento»*, Fondo de Cultura Económica, México, D. F., 1993.
—*La ética de la autenticidad*, Paidós, Barcelona, 1994.
Touraine, Alain, *El postsocialismo*, Planeta, Barcelona, 1982.
Vattimo, Gianni, *El fin de la modernidad. Nihilismo y hermenéutica en la cultura posmoderna*, Gedisa, Barcelona, 1986.
Žižek, Slavoj, «Multiculturalismo, o la lógica cultural del capitalismo multinacional», en Jameson, Fredric, y Slavoj Žižek, *Estudios culturales. Reflexiones sobre el multiculturalismo*, Paidós, Barcelona, 1998, pp. 137-188.

Capítulo 8

Argüelles, Agustín de, *Discurso preliminar a la Constitución de 1812*, Centro de estudios políticos y constitucionales, Madrid, 2011.

Bell, Daniel, *El final de la ideología*, Alianza Editorial, Madrid, 2015.

Habermas, Jürgen, «No puedo imaginar que el patriotismo constitucional sea una idea de derechas», José Comas, *El País*, 15 de mayo de 2003.

Marías, Julián, *La España posible del siglo XXI*, Ápeiron Ediciones, Madrid, 2016.

Diario de sesiones del Senado, n.º 21 de la VIII legislatura, 17 de noviembre de 2004.

Oakeshott, Michael, *La política de la fe y la política del escepticismo*, Fondo de Cultura Económica, México D. F., 1999.

ONU, Asamblea General, Declaración Universal de Derechos Humanos, 10 diciembre de 1948.

Capítulo 9

Buchanan, J., «Fiscal Federalism and Fiscal Equity», *The American Economic Review*, 40, 4, (1950), pp 583-599.

Canovan, M., *Populism*, Junction Books, Nueva York, 1981.

Clemente, Y., «Evolución del desempleo (1975-2015)», *El País*, 20 de noviembre de 2015.

Dahlstrom, C., y V. Lapuente Gine, *Organizando el Leviatán. Por qué el equilibrio entre políticos y burócratas mejora los gobiernos*, Deusto, Barcelona, 2018.

Diamond, L., y M. F. Plattner, *Democracy in decline?*, John Hopkins, University Press, Baltimore, 2015.

Downs, A., «An Economic Theory of Political Action in a Democracy», *Journal of Political Economy*, 65, 2, (1957), pp. 135-150.

Fernández Luiña, E., «España. Un país con calidad democrática», en *Constitución española. Cuatro miradas en su 40 aniversario*, Fundación para el Análisis y los Estudios Sociales, Madrid, 2019, pp. 5-26.

—, *Los movimientos populistas. ¿Una expresión social de descontento o una estrategia para concentrar poder político? Mitos y realidades*, Instituto Juan de Mariana, Madrid, 2016.

—, «Populismo y globalización», *Administración y Ciudadanía*, 12 2, (2017), pp. 291-304.

Global Democracy Ranking, *Democracy ranking 2016*, Global Democracy Ranking, Viena, 2016.

Gratius, S., *La «tercera ola populista» de América Latina*, Fundación para las Relaciones Internacionales y el Diálogo Exterior (FRIDE), Madrid, 2007.

Kaiser, A., y G. Álvarez, *El engaño populista*, Deusto, Madrid, 2016.

Levitsky, S., *Competitive authoritarianism. Hybrid regimes after the Cold War*, Cambridge University Press, Londres, 2010.

— y D. Ziblatt, *Cómo mueren las democracias*, Ariel, Barcelona, 2018.

Minogue, K., «Populism as a political movement», en G. Ionescu y E. Gellner, *Populism. Its meaning and national characteristics*, McMillan, Londres, 1969.

Mounk, Y., *El pueblo contra la democracia*, Paidós, Barcelona, 2018.

Rothbard, M. N., «Right - wing popuslim: A strategy for paleo movement», *The Rothbard Rockwell Report*, (1992), pp. 5-14.

Rupnik, J., «Populismos de Europa del Este», *Clarín*, 14 de febrero de 2007.

Somin, Y., *Democracy and political ignorance. Why smaller Government is smarter*, Standford University Press, Standford, 2013.

The Economist Intelligence Unit, *Democracy Index 2017. Free speech under attack*, *The Economist*, Londres, 2018.

Torcal, M., y P. Christmann, «The political and economic causes of satisfaction with democracy in Spain – a two fold panel study», *West European Politics* (2017, 25 de abril), pp. 1241-1266.

— y S. Martini, «Los efectos negativos de la polarización política: confianza social, partidismo e identidades nacionales/territoriales en España», en A. López Castillo, *Identidad, política y derecho*, Universidad Autónoma de Madrid, Madrid, 2013, pp. 333-355.

World Justice Project, *Rule of Law Index 2019 insights*, World Justice Project, Washington, D.C., 2019.

Capítulo 10

Lassalle, J. M., *Contra el populismo. Cartografía de un totalitarismo posmoderno*, Debate, Barcelona, 2017.

Moffitt, B., «Guess Who's Coming to Dinner? Populism as the Awkward Dinner Guest of Democracy», *Connected Globe, Conflicting Worlds: Australian Political Studies Association Conference*, University of Melbourne, Melbourne, 2010.

Rawls, J., *A Theory of Justice*, Harvard University Press, Cambridge, 1971.

Sandel, M., *Liberalismo y los límites de la justicia*, Gedisa, Barcelona, 1982.

Tocqueville, A., *La democracia en América*, Trotta, Madrid, 2018.

Todorov, T., *Los enemigos íntimos de la democracia*, Galaxia Gutenberg, Barcelona, 2012.

Weber, M., *Ensayos de Sociología Contemporánea*, Ediciones Martínez Roca, Barcelona, 1972.

Capítulo 11

Bajo, O., y D. Vegara, «Federalismo fiscal y unión monetaria en Europa», Instituto de Estudios Fiscales, P.T. 10/98, 1998.

Barea, J., «El gasto público en las comunidades autónomas», en varios Autores, *Pasado, presente y futuro de las comunidades autónomas*, Instituto de Estudios Económicos, Madrid, 1989.

Blanco-Magadán, J. A., «Descentralización del sector público», *Hacienda Pública Española*, 67, 1980.

Brennan, G., J. Buchanan, *The Power to Tax*, Cambridge University Press, Cambridge, 1980.

Buchanan, J., «Federalismo y equidad fiscal», en R. A. Musgrave y C. S. Shoup, *Ensayos sobre economía impositiva*, Fondo de Cultura Económica, México, D. F., 1964.

— y C. J, Goetz, «Límites de eficiencia a la movilidad fiscal: una valoración del modelo de Tiebout», *Hacienda Pública Española*, 50, 1978.

Cortecero, J. A., J. S. Gómez, y A. M. Sánchez, «La distribución económica y funcional del gasto público en España entre los diversos niveles de gobierno», *Hacienda Pública Española*, 113, 1988.

Hochman, H. M., y J. D. Rodgers, «La redistribución óptima de Pareto», *Hacienda Pública Española*, 32, 1975.

Molero, J. C., *Gasto público y federalismo fiscal en España. Período 1984-1998*, Consejo Económico y social, Madrid, Colección Estudios, 2002.

Mueller, D. C., *Elección pública*, Alianza Editorial, Madrid, 1984.

Musgrave, R. A., *Teoría de la Hacienda Pública*, Aguilar, Madrid, 1959.

— y A. Mitchell Polinsky, «La participación de los diversos niveles de gobierno en los ingresos públicos. Un punto de vista crítico», *Hacienda Pública*, 1970.

— y P. B. Musgrave, *Hacienda Pública teórica y aplicada*, 5ª ed., McGraw Hill, Madrid, 1991.

Niskanen, W., *Policy Analysis and Public Choice*, John Locke Institute, Oxford, 1998.

Oam, E., «The choice of governmental level in regulation», *Kyklos*, 35, 2 (1982).

Oates, W. E., «Searching for Leviathan: An empirical Analysis», *American Economic Review*, 75 (1985), pp. 748-757.

Olson, M., «The Principle of Fiscal Equivalence: The Division of Responsabilities among Different Levels of Government», *American Economic Review*, Actas, 59 (1969).

Pardo, J., y P. Schwartz (coords.), *Public Choice and the Challenges of Democracy*, Edward Elgar, Londres, 2006.

Sanz, J. F., «Los costes de la imposición: un sistema fiscal eficiente para una economía en crecimiento», en *Una reforma fiscal para el crecimiento y el empleo*, Fundación para el Análisis y los Estudios Sociales, Madrid, 2013, pp. 11-44.
Tullock, G., *Public Goods, Redistribution and Rent Seeking*, Edward Elgar, Londres, 2005.

Capítulo 12

Bank of International Payments, Research Department, Hong Kong Monetary Authority, *Assessing the impact of globalisation: Lessons from Hong Kong*, Hong Kong, 2017.
Cámara de Comercio de Estados Unidos en España, *Spain 2020. 25 propuestas de AmChamSpain para hacer de España una economía más competitiva, productiva e internacionalizada en esta década*, 2013.
Friedman, George, «Free Trade, Politics, and the Wealth of Nations», *This Week in Geopolitics*, Mauldin Economics LLC, 2016.
Gave, Charles, «Toynbee's Europe», *Outside The Box*, Mauldin Economics LLC, 2016.
Howe, Neil, «Another Day Younger and Deeper in Debt», *Thoughts from the Frontline*, Mauldin Economics LLC, 2015.
Lilla, Mark, «The End of identity liberalism», *The New York Times*, 2016.
Mauldin, John, *Debt be not proud*, Mauldin Economics LLC, 2015.
— *Life on the Edge*, Mauldin Economics LLC, 2016.
McKinsey & Company-FEDEA, *A growth agenda for Spain*, McKinsey & Company, 2010.
McKinsey Global Institute, *Debt and (not much) deleveraging*, McKinsey Global Institute, 2015.
— *Artificial Intelligence, the next digital frontier?*, McKinsey Global Institute, 2017.
— *A decade after the global financial crisis: what has (and hasn't) changed?*, McKinsey Global Institute, 2018.

Ministerio de Ciencia, Innovación y Universidades, *Estrategia española de I+D+i en Inteligencia Artificial*, Madrid, 2019.
PricewaterHouseCoopers, *Bots, Machine Learning, Servicios Cognitivos. Realidad y perspectivas de la Inteligencia Artificial en España, 2018*, PricewaterHouseCoopers, 2018.
Remnick, David, «A conversation with Mark Lilla on his critique of identity politics», *The New Yorker*, 2017.
Roach, Stephen, «The Globalization Disconnect», *Outside the Box*, Mauldin Economics LLC, 2016.
The Boston Consulting Group, *Estudio para el fortalecimiento y desarrollo del sector industrial en España*, The Boston Consulting Group, 2013.
Wendy Hall, Dame, y Jérôme Pesenti, *Growing the artificial intelligence industry in the UK*, 2017.

Capítulo 13

Fukuyama, Francis, *Identidad*, Deusto, Barcelona, 2019.
Marco, José María, *Sueño y destrucción de España*, Planeta, 2015.
Martín de la Guardia, Ricardo, *Konrad Adenauer*, Gota a Gota, Madrid, 2015.
Martín de la Torre, Victoria, *Europa, un salto a lo desconocido*, Encuentro, Madrid, 2015.
Ramón, Juan Claudio de, *Diccionario de lugares comunes sobre Cataluña*, Deusto, Barcelona, 2018.
Schuman, Robert, *Por Europa*, Encuentro, Madrid, 2006.
Viroli, Maurizio, *Por amor a la patria*, Deusto, Barcelona, 2019.
Weil, Simone, *Echar raíces*, 2.ª ed., Trotta, Madrid, 2014.

Capítulo 14

Comisión Europea, *Libro Blanco sobre el futuro de la Unión Europea*, Comisión Europea, 1 de marzo de 2017.
Dinan, D., *Ever Closer Union. An introduction to European Integration*, Palgrave Macmillan, 2010.

García-Valdecasas, I. G., «El rechazo al proyecto de Constitución Europea: un análisis retrospectivo», Real Instituto Elcano, *ARI*, 159, 27 de diciembre de 2005.

Krastev, I., *After Europe*, PENN University of Pennsylvania Press, Filadelfia, 2017.

—, M. Leonard, y S. Dennison, «What Europeans really want: five myths debunked», European Council on Foreign Relations, 2019.

Mangas, A., «La distribución de competencias en la Unión Europea y el principio de subsidiariedad», Fundación Manuel Giménez Abad de Estudios Parlamentarios y del Estado Autonómico, 17 de diciembre de 2008.

O'Brennan, J., «Ireland says No (again): the 12 June 2008 Referendum on Lisbon Treaty», *Parliamentary Affairs*, 62, 2 de abril de 2009, pp. 258-277.

Oreja Aguirre, M., «Los orígenes de la Unión Europea: el método comunitario», discurso en la sesión de la Real Academia de Ciencias Políticas y Morales, 28 de mayo de 2013.

Pérez-Bustamante, R., *Jean Monnet, ciudadano de Europa*, Vicepresidencia Segunda y Consejería de Justicia de la Comunidad de Madrid, Madrid, 2008.

Rivero, A., J. Zarzalejos, y J. del Palacio (coords.), *Geografía del populismo. Un viaje por el universo del populismo desde sus orígenes hasta Trump*, Tecnos, Madrid, 2017.

Capítulo 16

Ellakuría, Iñaki, «Entrevista a Joseph H. Weiler», *La Vanguardia*, 23 de febrero de 2019.

Kagan, Robert, *The Twilight of the Liberal World Order*, Brookings Institution, Washington D.C., enero de 2017.

Pérez-Díaz, Víctor, *Europa en busca de sí misma. Por una estrategia indirecta de la construcción europea*, Funcas, Madrid, 2019.

Van Middelaar, Luuk, *El paso hacia Europa*, Galaxia Gutemberg, Madrid, 2013.